国家自然科学基金面上项目(41971356)资助
国家自然科学基金青年基金(41701446)资助

网络地理信息服务开发实践

WANGLUO DILI XINXI FUWU KAIFA SHIJIAN

郭明强 黄 颖 容东林 主编

图书在版编目(CIP)数据

网络地理信息服务开发实践/郭明强,黄颖,容东林主编. —武汉:中国地质大学出版社,2022.7

ISBN 978-7-5625-5338-0

Ⅰ.①网…

Ⅱ.①郭… ②黄… ③容…

Ⅲ.①计算机网络-应用-地理信息系统-信息服务-研究

Ⅳ.①P208.2-39

中国版本图书馆 CIP 数据核字(2022)第 124497 号

网络地理信息服务开发实践 郭明强 黄 颖 容东林 **主编**

责任编辑:王 敏 选题策划:王 敏 责任校对:徐蕾蕾

出版发行:中国地质大学出版社(武汉市洪山区鲁磨路 388 号) 邮编:430074

电 话:(027)67883511 传 真:(027)67883580 E-mail:cbb@cug.edu.cn

经 销:全国新华书店 http://cugp.cug.edu.cn

开本:787 毫米×1092 毫米 1/16 字数:163 千字 印张:7.25

版次:2022 年 7 月第 1 版 印次:2022 年 7 月第 1 次印刷

印刷:武汉市籍缘印刷厂 印数:1—1000 册

ISBN 978-7-5625-5338-0 定价:23.00 元

前 言

网络地理信息服务是在互联网 GIS 平台的基础上，为自然资源、市政、电信、交通、政务等领域构建地理信息服务平台的关键。网络地理信息服务具体提供了针对空间数据的可视化、查询、检索 、编辑与分析等服务接口，以使客户端能够远程调用网络地理信息服务，构建客户端网络地理信息服务应用系统。本教材基于 GIS 平台二次开发接口，在客户端实现各类网络地理信息服务的调用、交互和结果展示等功能，为读者提供从空间数据可视化到空间数据检索，再到空间数据的编辑和分析等功能的实现流程，为读者掌握网络地理信息服务的原理和开发方法提供了较为全面的技术指导。

笔者长期从事有关高性能空间计算和网络 GIS 的理论方法研究、教学和应用开发工作，已有 10 余年的高性能空间计算和 GIS 平台相关科研经验与应用开发基础，这些都为本教材的编写打下了扎实的知识基础。本教材由国家自然科学基金(41971356,41701446)资助，从实验环境部署到网络地理信息服务各个功能的开发，全书涵盖了网络地理信息服务的关键内容。内容按照实验要求、实现过程、代码解析的编排顺序讲解，使读者更容易掌握相关知识点。同时，本教材对重点代码做了注释和讲解，以便于读者更加轻松地学习。

本教材面向广大网络地理信息服务和 GIS 开发爱好者，内容编排遵循一般学习曲线，由浅入深、循序渐进地介绍了网络地理信息服务的相关知识点，内容完整、实用性强，既有详尽的理论阐述，又有丰富的案例程序，使读者能容易、快速、全面地掌握基于 GIS 平台的网络地理信息服务开发技术。对初学者来说，它也没有任何门槛，按部就班地跟着教材实例编写代码即可。无论是否拥有网络地理信息服务编程经验，都可以借助本教材来系统了解和掌握基于 GIS 平台二次开发 API 的网络地理信息服务开发所需的技术知识点，为理解和掌握“网络地理信息服务”奠定良好的基础。

本教材提供配套的全部示例源码，每个实验对应的源码工程均是独立编写而成的，每个工程可以独立运行，可快速查看演示效果与完整源码，可通过微信扫描二维码下载配套数据资源与工程源码。

教材资源：

本教材的出版得到中国地质大学出版社的鼎力支持，在此表示诚挚的谢意。同时向教材所涉及参考资料的所有作者表示衷心的感谢。

因笔者水平有限，教材中难免存在不足之处，敬请读者批评指正。

郭明强

2022 年 4 月于武汉

目　录

实验一　GIS 开发实验环境配置

一、实验目的

（1）了解 MapGIS 开发环境的配置要求。

（2）掌握 MapGIS 开发环境的部署过程。

二、实验学时

2 个学时。

三、实验准备

GIS 开发实验的环境要求如下。

（1）操作系统：Windows。

（2）GIS 开发平台："MapGIS IGServer . NET x64 for Windows 开发包"/"MapGIS IGServer . NET x86 for Windows 开发包"、MapGIS 开发授权。

（3）集成开发环境：安装 Microsoft Visual Studio 集成开发环境。

（4）浏览器：Chrome/Firefox/Edge/IE9 and later 等。

四、实验内容

搭建 GIS 开发环境主要包含以下的过程。

1. 获取开发包和开发授权

配置 GIS 开发实验的环境主要是安装 GIS 开发平台，包括下载和安装相应的开发授权和开发包，其流程如图 1-1～图 1-3 所示。

（1）登录司马云（http://www. smaryun. com/），进入"开发世界"注册登录账户。

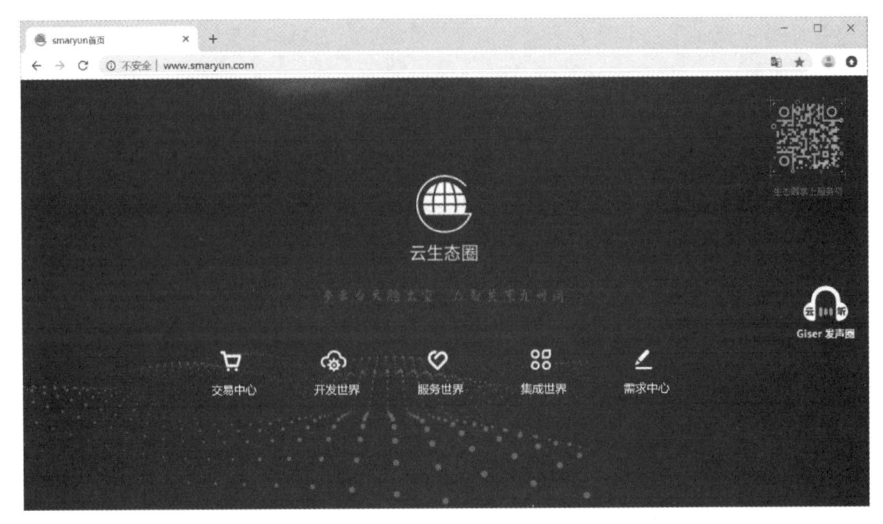

图 1-1　司马云首页

图 1-2　在云开发世界注册账户

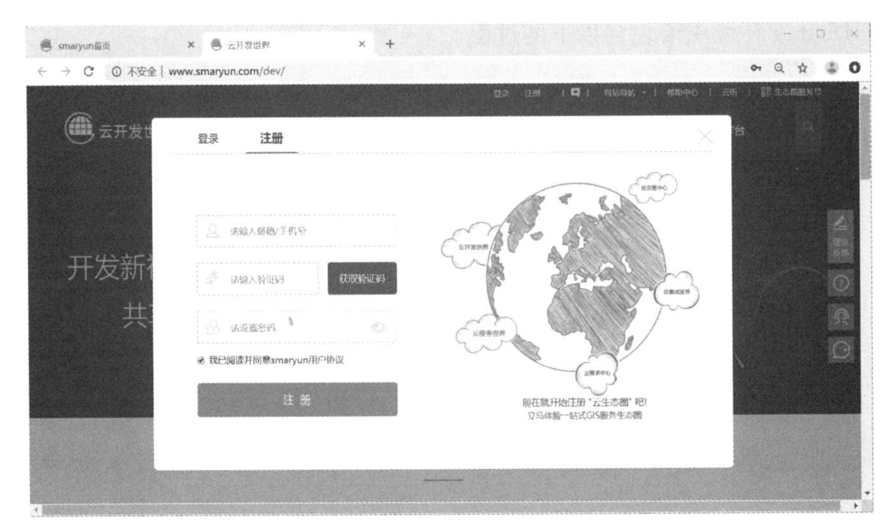

图 1-3　注册页面

(2)升级为开发者。完成用户注册后，可以升级为开发者(图 1-4)。

图 1-4　升级为开发者

(3)完善认证信息。将认证的信息补充完整(图 1-5)。

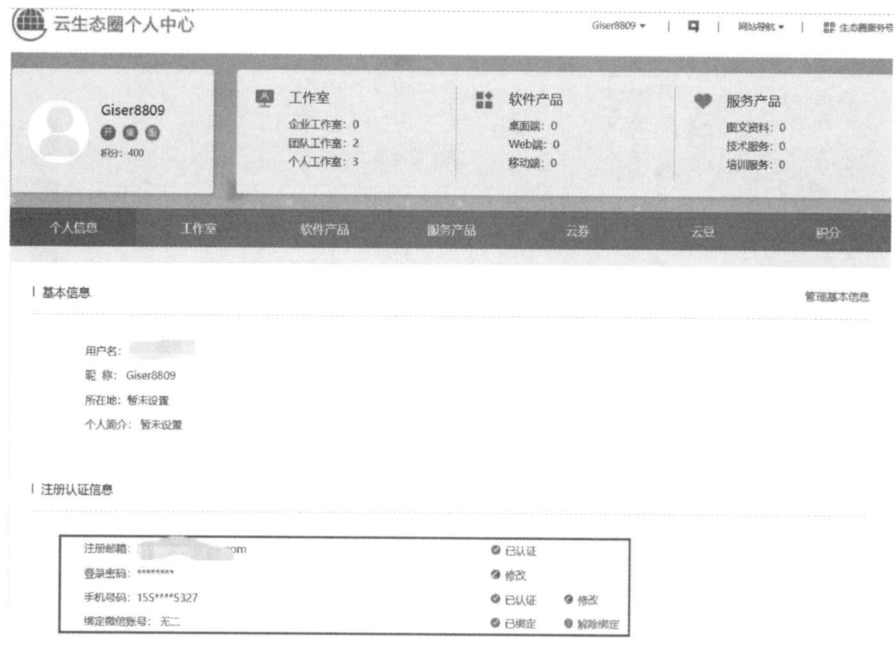

图 1-5　完善个人信息

(4)下载开发授权。进入“云开发世界”→“资源中心”→“产品开发包”,如图1-6所示界面,点击“获取开发授权”,跳转到开发授权的页面中,点击“下载”,即可下载到开发授权文件(图1-7)。

图1-6　下载开发授权(一)

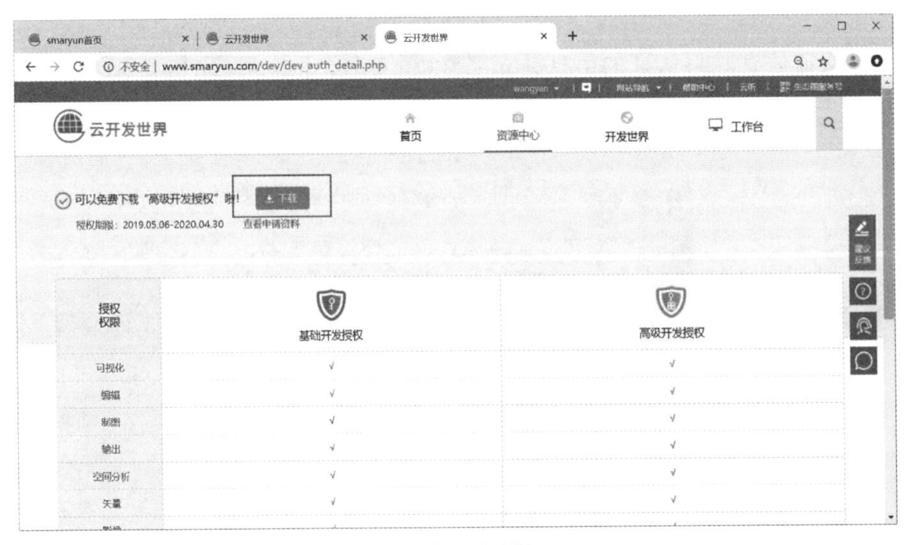

图1-7　下载开发授权(二)

(5)下载开发包。通过“资源中心”下载开发包,即点击“云开发世界”→“资源中心”→“产品开发包”进入,根据开发需求选择二次开发包,下载32位或64位的安装包(图1-8)。

(6)安装开发授权。将下载的开发授权文件解压,如图1-9所示,双击后缀为.reg的文件,将它写入注册表中。

图 1-8　下载开发包

图 1-9　开发授权文件

(7)安装开发包。解压安装包,获得安装包的.exe文件,然后用鼠标右键单击.exe文件,选择“以管理员身份运行”即可开始安装。根据提示,点击“下一步”或者配置安装路径等,完成安装(图1-10)。

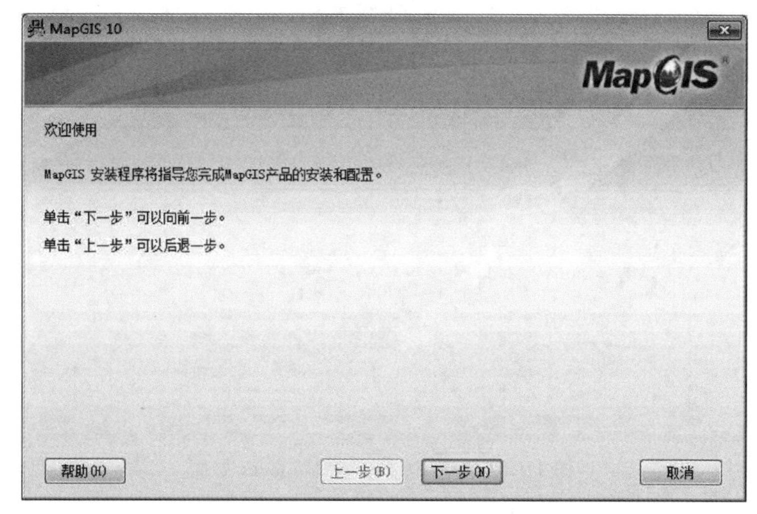

图 1-10　安装过程

2. 启动 MapGIS IGServer 服务

(1)安装安装包和授权后,接下来启动相关的服务(图 1-11)。

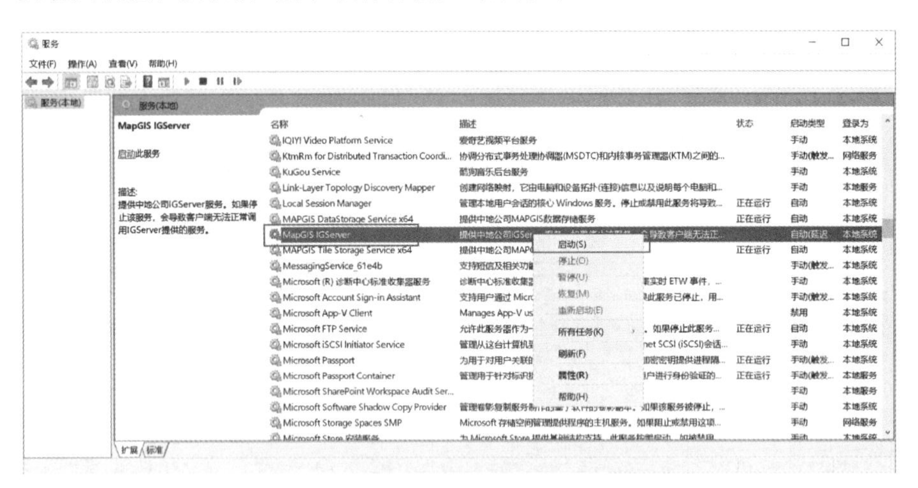

图 1-11 启动 MapGIS IGServer 服务

(2)在浏览器地址栏中输入“http://localhost:9999/”,即可打开 MapGIS Server Manager界面(图 1-12)。

图 1-12 MapGIS Server Manager 界面

五、练习

(1)在 Windows 服务中查找 MapGIS IGServer 服务项,学会手动启动、停止该服务。

(2)学会命令行方式启动 MapGIS IGServer 服务。

实验二　空间数据可视化

一、实验目的

(1)了解 MapGIS 地图数据的常见类型。

(2)掌握 MapGIS 地图数据加载显示的一般方法。

二、实验学时

2 个学时。

三、实验准备

(1)地图数据:MapGIS 瓦片地图/矢量地图文档/矢量图层。

(2)GIS 开发平台:MapGIS Server Manager 平台。

(3)集成开发环境:Microsoft Visual Studio。

(4)开发语言: HTML、CSS、JavaScript。

(5)GIS 开发框架:OpenLayers 5。

四、实验内容

MapGIS 地图显示功能在 WebGIS 中起着举足轻重的作用。地图显示是 GIS 开发的基础,借助于 MapGIS 平台进行地图显示,为用户提供了方便快捷的地图显示方式。

这里介绍利用 OpenLayers 5 脚本库调用 MapGIS 地图服务,以地图文档数据为例,实现其加载显示的功能。具体的实现过程如下。

1. 数据准备

开发前,需要根据应用的具体需求,制作相应的数据用于地图数据可视化的实现。这里略去地图制图的过程,直接使用安装包中的示例数据进行演示。使用的示例数据位于安装包的路径下。

地图:\MapGIS 10\Program\Config\MapTemplates\CoomMap\世界地图_经纬度.mapx。

数据库:\MapGIS 10\Program\Config\MapTemplates\Templates.HDF。

2. 发布数据

将准备好的数据在 MapGIS Server Manager 中进行发布。

(1) 首先，在浏览器地址栏中输入 http://localhost:9999/，即打开 MapGIS Server Manager登录页面(图 2-1)，然后输入账号和密码，点击“登录”按钮进入 MapGIS Server Manager的首页(图 2-2)。

图 2-1　MapGIS Server Manager 登录页面

图 2-2　MapGIS Server Manager 首页

(2)附加对应数据库。进入 MapGIS Server Manager 首页后，在页面右侧的 GBDCatalog 目录里附加数据库。具体操作是：用鼠标右键单击“MapGISLocal”→在弹出项中选择“附加”(图 2-3)→在弹出框中点击“浏览”(图 2-4)→在弹出框中找到对应的数据库，选中后点击“确定”按钮(图 2-5)→在附加数据库的弹框中点击“确定”(图 2-6)，这时在 MapGISLocal 的目录下，就可以看到附加成功的数据库(图 2-7)。

图 2-3　附加数据库(一)

图 2-4　附加数据库(二)

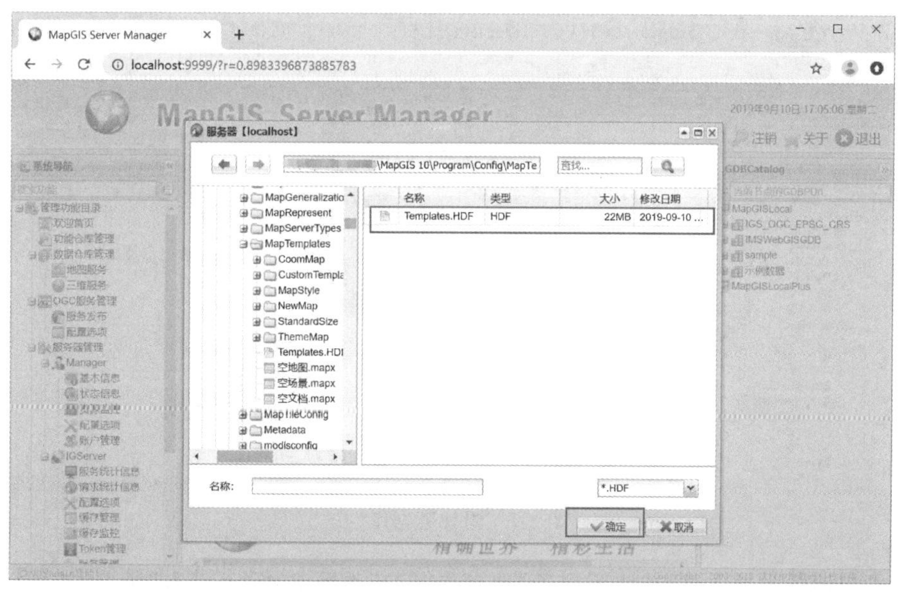

图 2-5　附加数据库(三)

图 2-6　附加数据库(四)

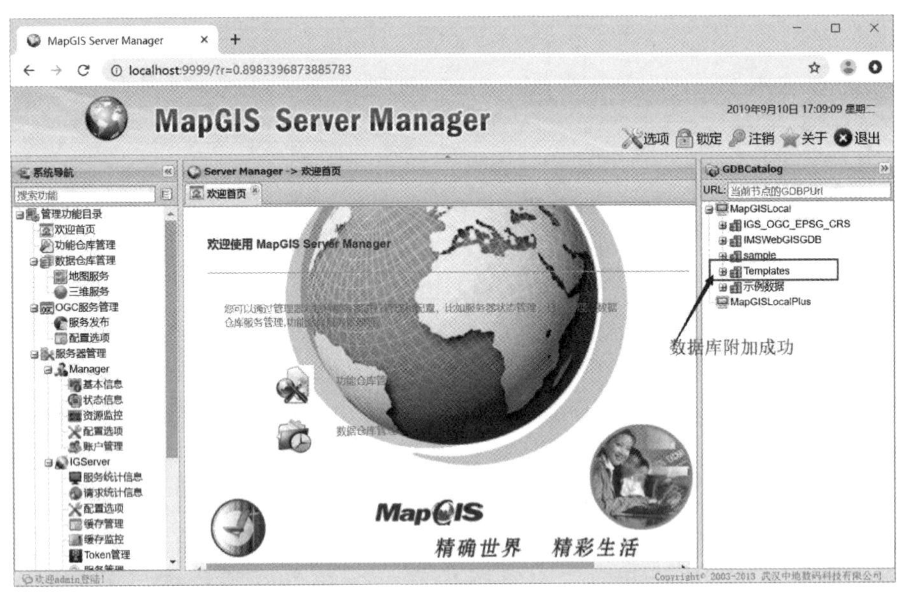

图 2-7　附加数据库(五)

(3)发布地图服务。点击“地图服务”→点击“发布地图文档”→点击“浏览”按钮(图 2-8)→打开选取地图文档的窗口,选择对应的地图文档,然后点击“确定”按钮(图 2-9)→在发布地图文档的弹框中,根据需要修改名称(可以修改,也可以不修改),然后点击“发布”按钮(图 2-10),就可以看到发布成功的地图文档(图 2-11)。

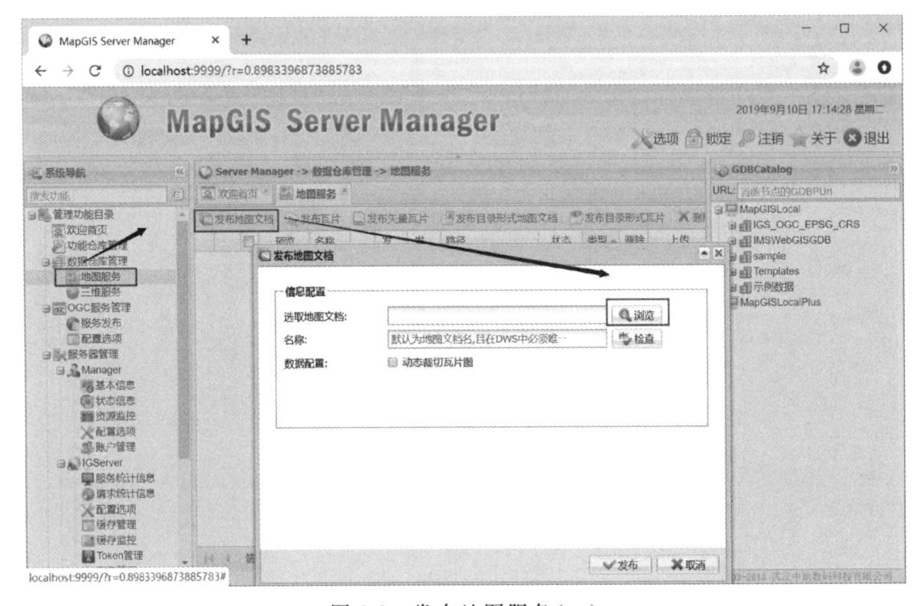

图 2-8　发布地图服务(一)

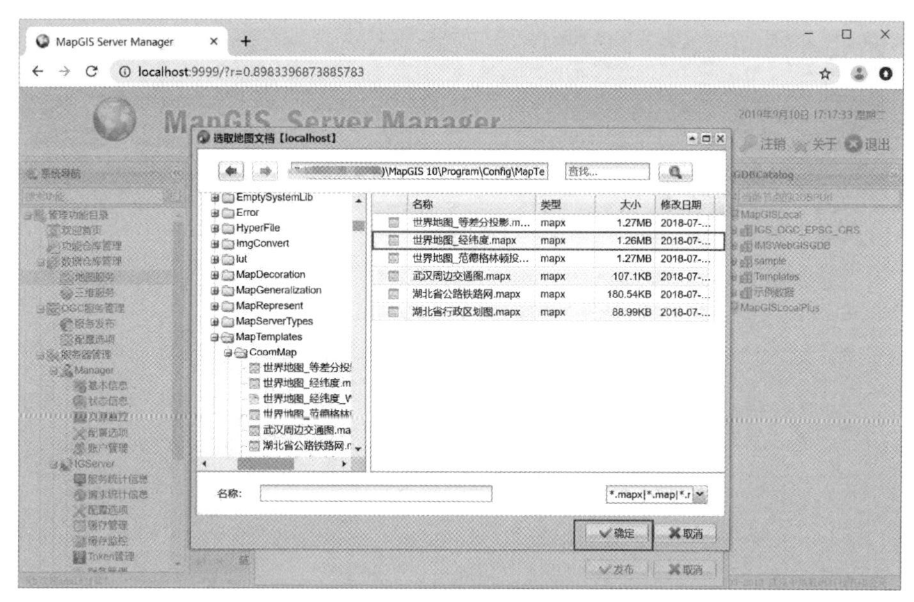

图 2-9　发布地图服务(二)

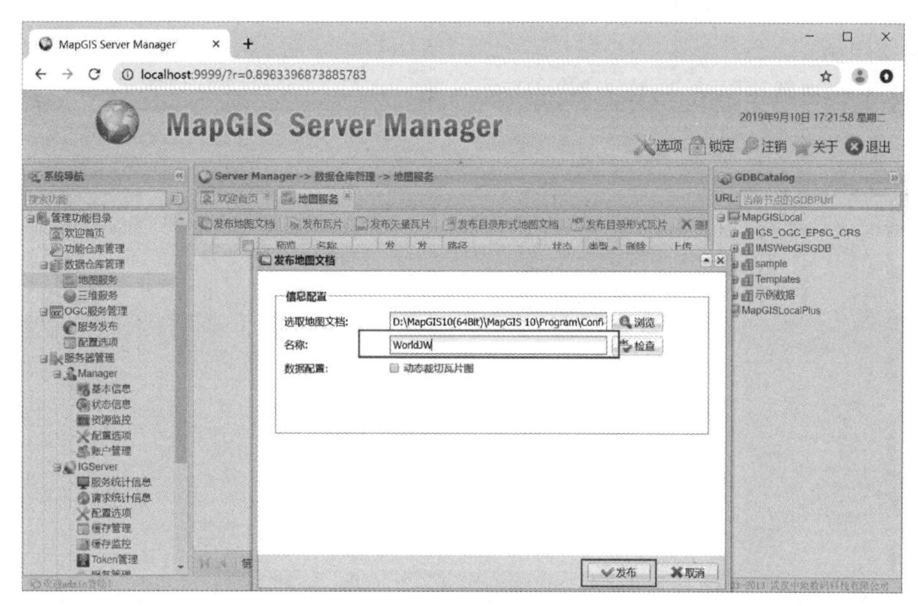

图 2-10　发布地图服务(三)

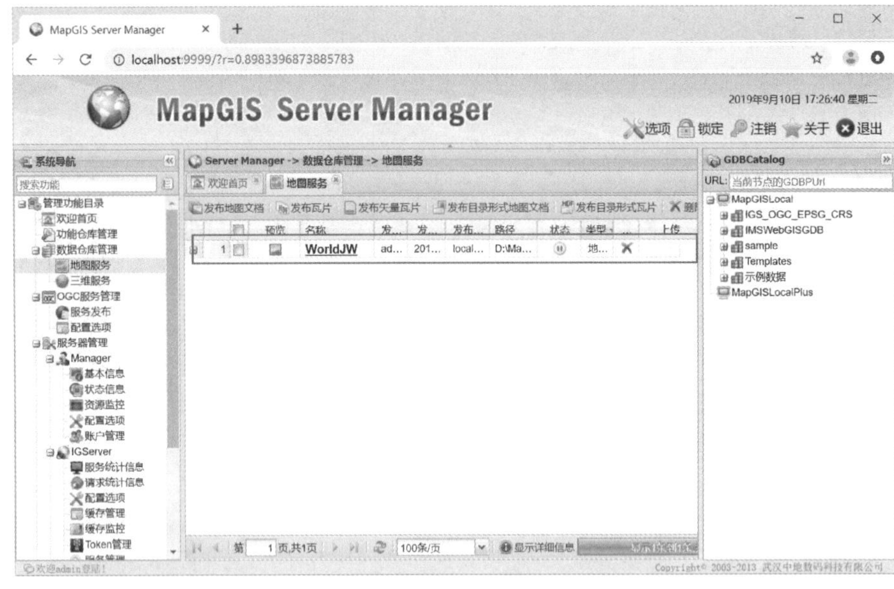

图 2-11　发布地图服务(四)

3. 编写代码

本示例使用的开发集成工具为 Microsoft Visual Studio 2015(简称 VS2015),用户可以根据开发习惯选择适合自己的开发工具版本。编写代码的具体过程如下。

1)新建网站

在 VS2015 中新建网站,名称为 MapDisplay(图 2-12)。

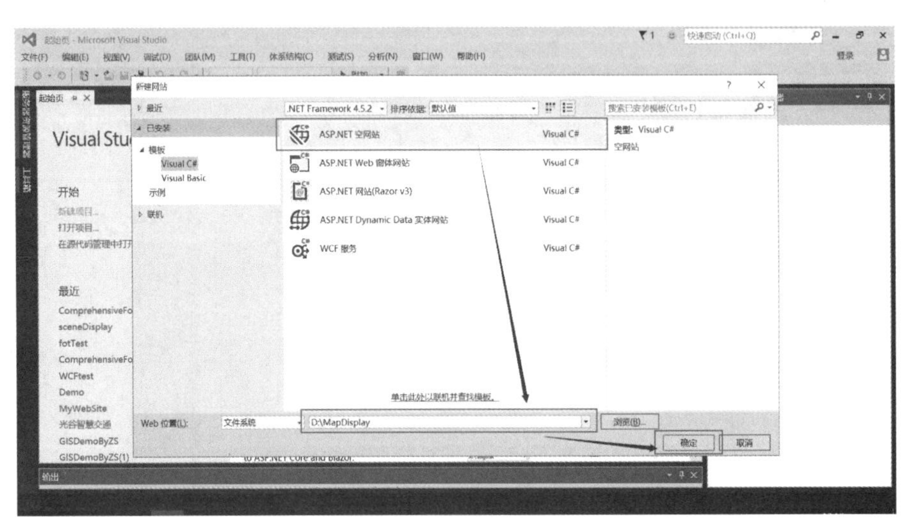

图 2-12　新建网站

2)引入 JavaScript 开发库

(1)首先,下载开发所需的脚本库,下载地址为 http://www.smaryun.com/dev/resource_center.html#/type27/tag10/page2/checks748(图 2-13)。

图 2-13　下载 SDK

其次，解压下载的 SDK，里面包含 GIS 开发所需的必要脚本库，如图 2-14 所示。

名称	修改日期	类型	大小
jquery-1.11.2.min.js	2016/3/22 9:06	JavaScript 文件	94 KB
MapGis_ol_product.js	2019/7/25 10:30	JavaScript 文件	1,101 KB
MapGis_ol_product.js.map	2019/4/28 10:46	VisualStudio.map.1	5,676 KB
ol.css	2018/7/21 10:04	层叠样式表文档	4 KB

图 2-14　解压 SDK

(2)在新建的 Web 网站中分别添加“css”“js”“libs”3 个新建项，将开发所需的基础脚本库(MapGis_ol_product. js，ol. css，jquery-1. 11. 2. min. js)与相应的资源文件拷贝到“libs”目录下，“css”目录放网站样式文件，“js”目录放网站 JavaScript 文件(图 2-15)。

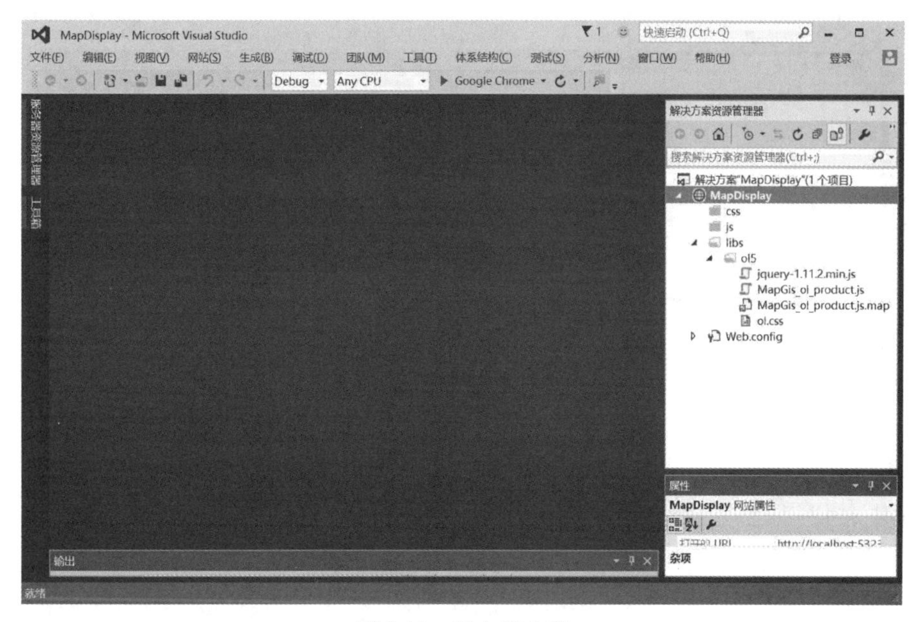

图 2-15　引入脚本库

3)实现地图的显示功能

(1)在上述新建的网站中,即可通过“添加”→“HTML 页”的方式添加 HTML 页面,名称为“MapDocDisplay”(图 2-16)。

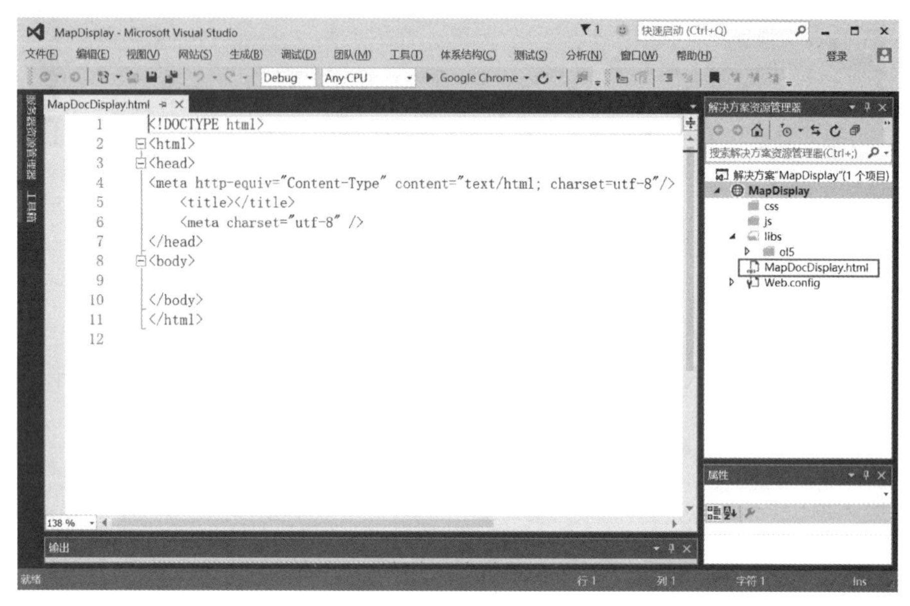

图 2-16　新建 HTML 页面

(2)设置示例标题,在该页面引入 ol. css 样式文件及 MapGis_ol_product. js、jquery-1. 11. 2. min. js 必要脚本库(图 2-17)。

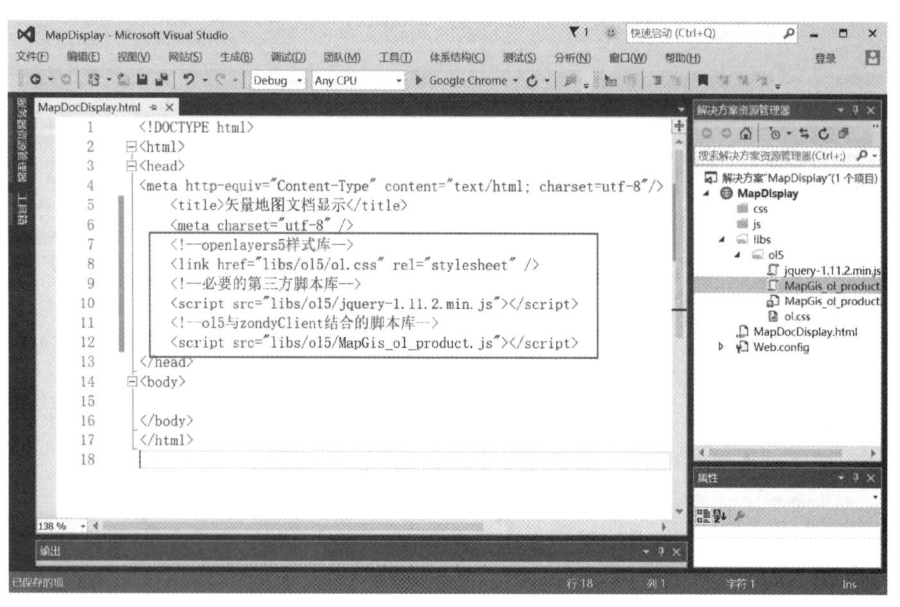

图 2-17　引用必要的库文件

(3)创建一个 ID 为“mapCon”的 div 层,用来作为显示矢量地图文档的地图容器,并设置其样式(图 2-18)。

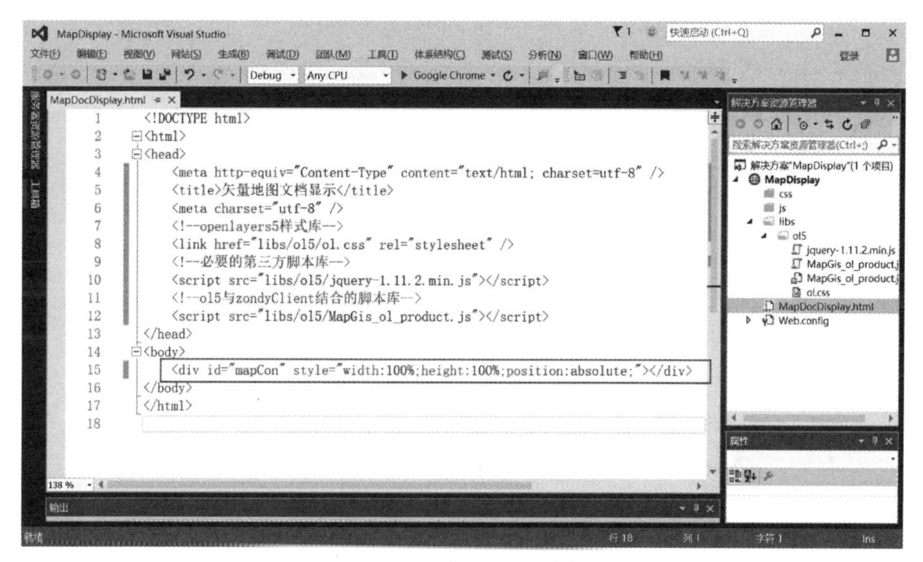

图 2-18　添加 div 容器

(4)添加 body 的 onload 事件方法 init()(图 2-19),用来触发调用矢量地图文档的显示。

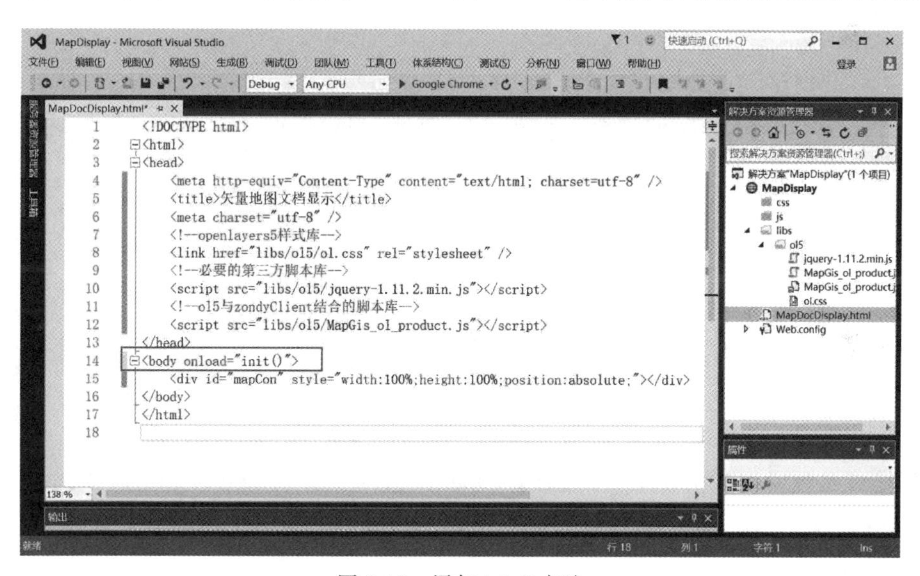

图 2-19　添加 init()方法

(5)在该页面中嵌入 JavaScript 代码,实现矢量地图文档显示的脚本函数 init(),即初始化 ol.Map 与 Zondy.Map.MapDocTileLayer 类,通过 Map 对象的设置初始化地图的中心点、显示级别,再通过 layer 对象的 addLayer 方法加载矢量地图文档。

示例代码 2-1　init()函数的实现

```
//实现矢量地图文档显示的脚本函数 init()
function init() {
        //地图范围
```

```
        var extent = [-193.45129008964, -95.0956465218778, 195.663652890767, 94.7703844561246];
        //创建地图容器
        var map = new ol.Map({
            //地图容器div的id值
            target: "mapCon",
            //地图的视图参数设置
            view: new ol.View({
                center: ol.extent.getCenter(extent),
                zoom: 2,
                projection: new ol.proj.Projection({
                    units: ol.proj.Units.METERS_PER_UNIT,
                    extent: extent
                }),
            })
        });
        //创建矢量地图文档
        var mapDocLayer = new Zondy.Map.MapDocTileLayer("矢量地图文档显示", "WorldJW", {
            ip: "localhost",
            port: "6163"
        });
        //添加矢量地图文档到地图容器中
        map.addLayer(mapDocLayer);
    }
```

主要接口参数说明如下，详细可以查看 OpenLayers 5 与 zondyClient 的 API 说明。

OpenLayers5 官网 API 访问地址：http://develop.smaryun.com:81/API/JS/OL5InterfaceDemo/index.htm。

zondyClient 官网 API 访问地址：http://develop.smaryun.com:81/API/JS/IGS JavaScript API v02 /index.htm。

OpenLayers5 官网地址：https://openlayers.org/en/latest/apidoc/module-ol_Map-Map.html。

4. 在浏览器中查看地图显示

在 VS 中用鼠标右键选中 MapDocDisplay.html 页面，选择“在浏览器中查看”（图 2-20），即可看到地图显示的结果（图 2-21）。

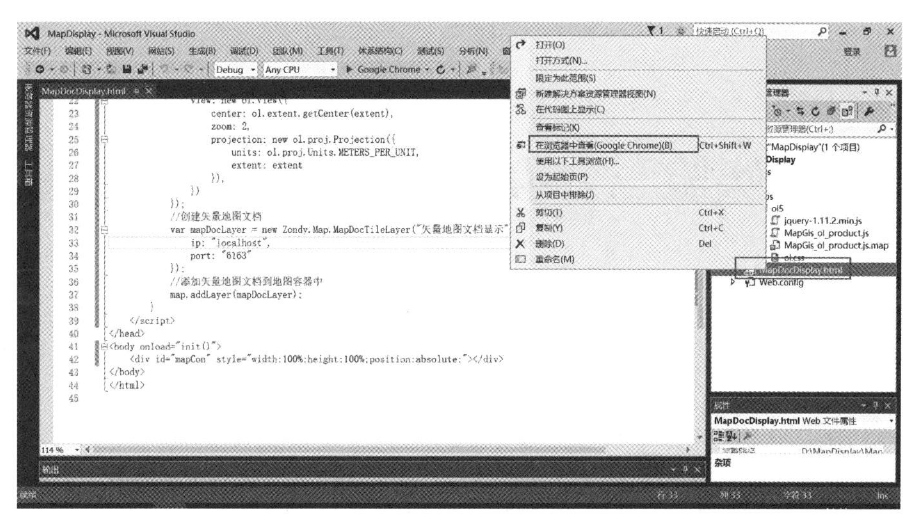

图 2-20　选择 html 页面在浏览器中打开

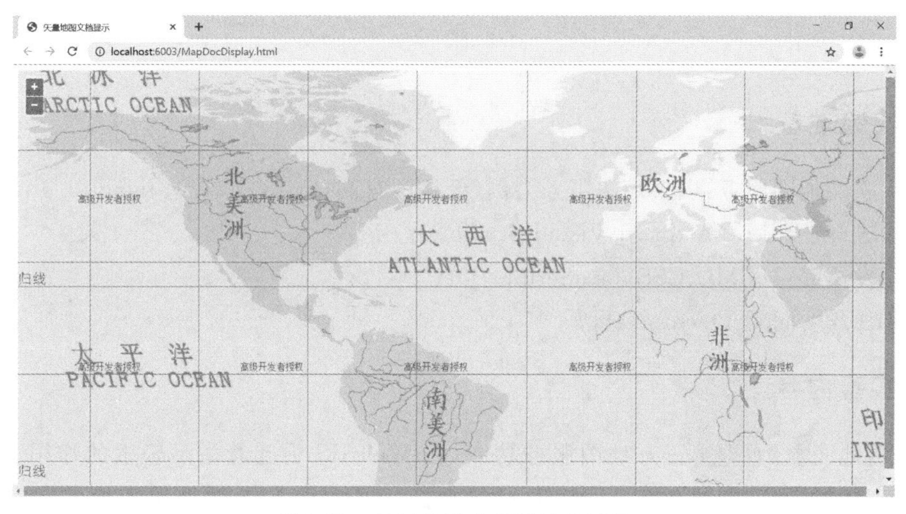

图 2-21　矢量地图文档显示的结果

五、练习

(1)自定义地图初始化时的位置为武汉,并将地图放大到第十级。

(2)在 MapGIS 桌面软件中,制作新的地图文档并将其发布为地图服务,然后在客户端网页中调用显示。

实验三　互联网地图显示

一、实验目的

(1)了解常见的互联网地图。
(2)掌握 MapGIS 平台加载互联网地图的一般方法。

二、实验学时

2 个学时。

三、实验准备

(1)互联网地图服务：以天地图服务为例(天地图官网：http://www.tianditu.gov.cn/)。
(2)集成开发环境：Microsoft Visual Studio。
(3)开发语言：HTML、CSS、JavaScript。
(4)GIS 开发框架：OpenLayers 5。

四、实验内容

互联网地图显示，即第三方地图服务功能，在 WebGIS 中起着举足轻重的作用。随着技术的进步，互联网地图遍地开花，天地图、高德地图等平台的 GIS 数据越来越丰富，在线、公开、免费的 GIS 资源越来越多。GIS 服务器如果能兼容这些在线 GIS 数据，并使用在内部项目中，则可以避免重复建设，集约利用资源。比如：有时候项目需要用到地图功能，但需求仅仅是地图显示等简单应用，就没必要在项目中集成各种地图 SDK 增加开发成本和包的体积，可以采用项目中调用第三方地图应用的方式。

关于加载第三方地图的实现方式，这里以加载天地图的显示为例进行具体介绍，过程如下。

1.数据准备

(1)地图服务。

天地图数据服务：http://t0.tianditu.com/DataServer?T=cva_w&x={x}&y={y}&l={z}。

数据来源链接：https://blog.csdn.net/weixin_30912051/article/details/94798193。

(2)申请服务许可 key。

需要注意的是,关于天地图的地图服务使用,还需要申请相关的服务许可 key,申请的过程参考链接内容 http://lbs.tianditu.gov.cn/authorization/authorization.html。

2. 代码编写

(1)引用必要的脚本库(图 3-1)。

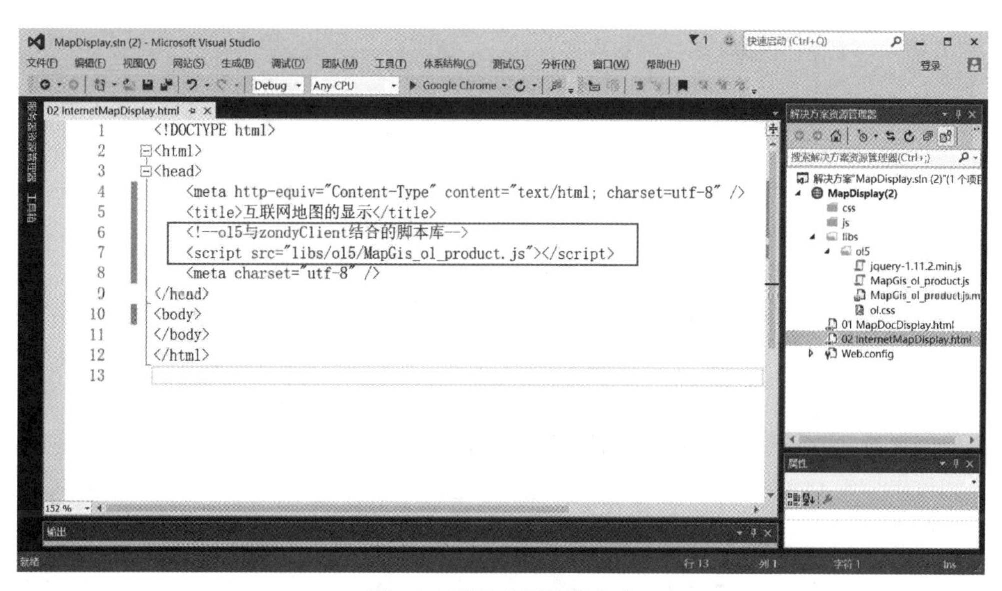

图 3-1　引用必要的脚本库

(2)创建 map 的 div 容器,并设置其样式,如图 3-2 所示。

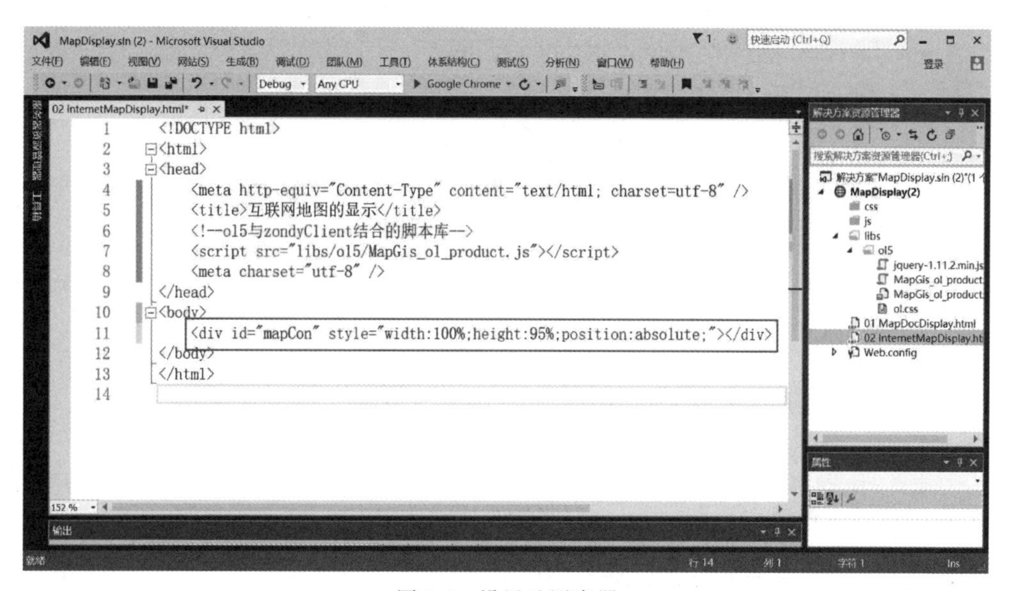

图 3-2　设置地图容器

(3)创建地图 map 容器核心对象。

示例代码 3-1　创建 map 核心对象

```
//实例化 Map 对象加载地图
var map = new ol.Map({
    //地图容器 div 的 id
    target: "mapCon",
    //地图视图设置
    view: new ol.View({
        //地图初始中心点
        center: [0, 0],
        //地图初始显示级别
        zoom: 2,
        projection: "EPSG:3857"
    })
});
```

(4)创建第三方地图服务图层(这里以天地图服务为例),并添加到地图 map 容器中。

示例代码 3-2　创建第三方地图

```
//创建天地图服务图层,并添加在地图容器中
//申请的天地图服务许可 key
var MyKey = "c30b2743c159570e41dbad9d53c3aa8d";
//创建天地图服务图层
var TiandiMap_vec = new ol.layer.Tile({
    title: "天地图矢量图层",
    source: new ol.source.XYZ({
        url: "http://t0.tianditu.com/DataServer? T=vec_w&x={x}&y={y}
&l={z}&tk=" + MyKey,
        wrapX: false
    })
});
//将图层添加到地图容器中
map.addLayer(TiandiMap_vec);
```

3. 在浏览器中查看

互联网(天地图)地图的显示如图 3-3 所示。

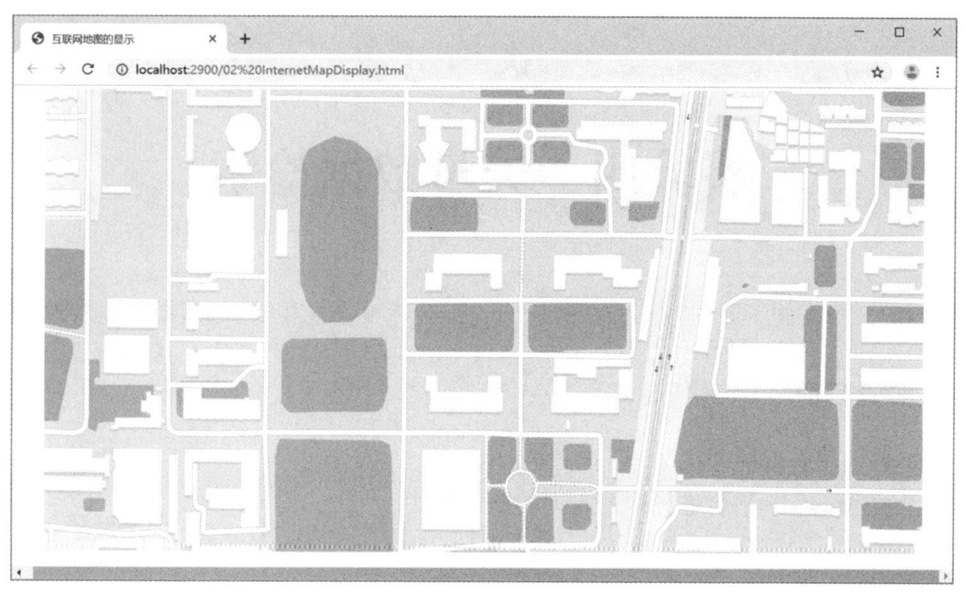

图 3-3　互联网(天地图)地图的显示

五、练习

(1)尝试加载 Google 地图的矢量图、影像图和地形图。

(2)尝试加载百度地图的矢量图和影像图。

实验四　矢量数据检索

一、实验目的

(1)了解地图查询的方式。
(2)掌握 MapGIS 平台进行地图查询的一般方式。

二、实验学时

2 个学时。

三、实验准备

(1)地图数据:发布到 MapGIS Server Manager 中的地图服务。
(2)集成开发环境:Microsoft Visual Studio。
(3)开发语言:HTML、CSS、JavaScript。

四、实验内容

地图查询功能在 WebGIS 中起着举足轻重的作用。比如:当您去某地旅行时,查询功能可为您提供该地区的酒店、医院、车站、银行等设施场所信息,为您出行提供便利。

地图查询功能是 WebGIS 中常用的一类功能,可根据地理要素的属性、几何位置、FID 进行查询,得到满足查询条件的要素集合。

第一种:按查询对象的不同,可分为地图文档查询、矢量图层查询;

第二种:按查询方式的不同,可分为固定几何范围查询、交互式几何查询、属性查询、FID 查询。

这里以地图文档查询为例进行演示。下面具体介绍如何实现地图文档的查询功能。

1. 数据准备

地图查询所用到的数据,是发布到 MapGIS Server Manager 中的地图服务,可以在本机发布相应的地图服务(发布过程可以参考“实验二 空间数据可视化”中的介绍),然后用于地图文档查询功能。这里以司马云官网服务器上的数据为例,进行地图文档查询功能的演示。具体的地图服务名称为“WorldJWVector”;所在服务器的参数如下。

ip:“develop. smaryun. com”。

port:“6163”。

2. 代码编写

（1）新建 HTML 页面，引入必要的脚本库，创建 map 的 div 容器，页面上添加一个查询按钮，代码如图 4-1 所示。

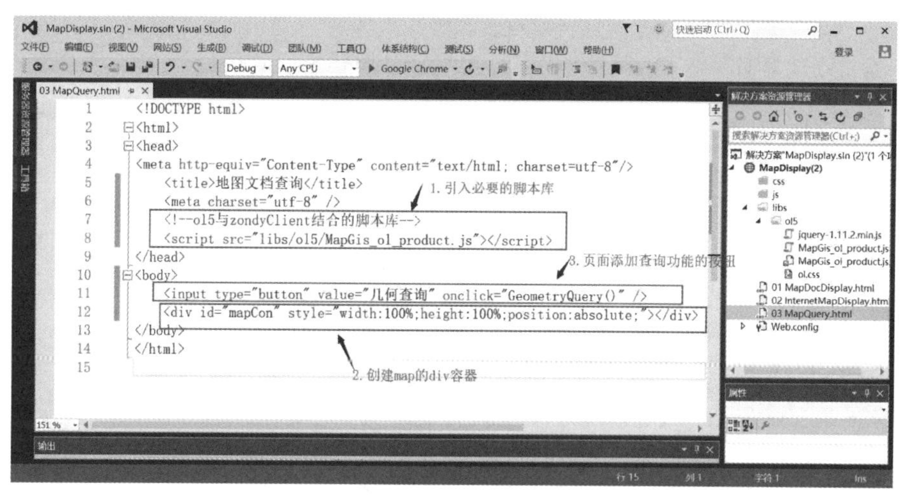

图 4-1　引入脚本和创建页面元素

（2）实现页面底图的加载显示。示例中使用的底图是天地图数据显示，代码如图 4-2 所示。

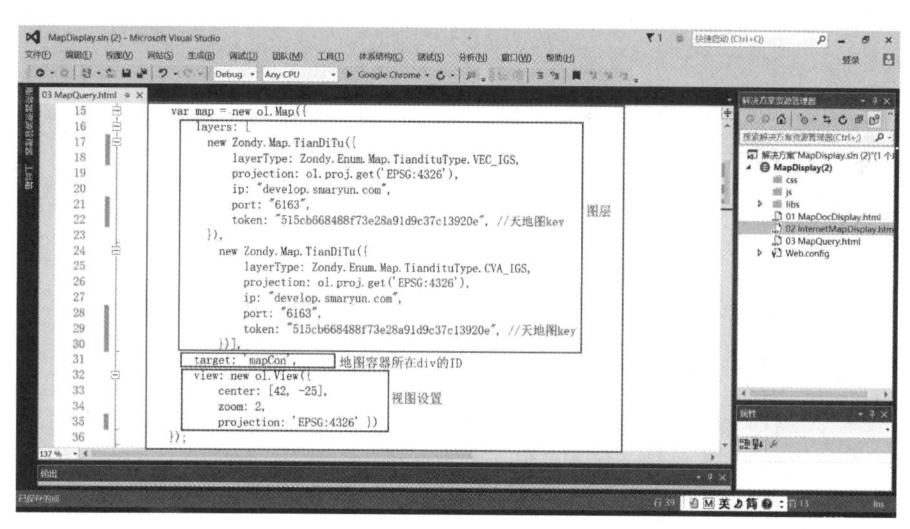

图 4-2　实现底图的加载显示

（3）绘制一个点形状的显示，用于在地图中显示查询中用到的点几何（图 4-3），代码如下。

```
//绘制一个点形状的显示（非必需，仅为了在地图上高亮显示图形）
    var point = new ol. Feature({
        geometry: new ol. geom. Point([114, 30])
    });
```

```
//设置点的样式信息
point.setStyle(new ol.style.Style({
    //形状
    image: new ol.style.Circle({
        radius: 6,
        fill: new ol.style.Fill({ color: "blue" })
    })
}));
//实例化一个矢量图层 Vector 作为绘制层
var source = new ol.source.Vector({
    features: [point],
    wrapX: false  //是否在地图水平坐标轴上重复
})
var vector = new ol.layer.Vector({
    source: source
});
//将绘制层添加到地图容器中
map.addLayer(vector);
```

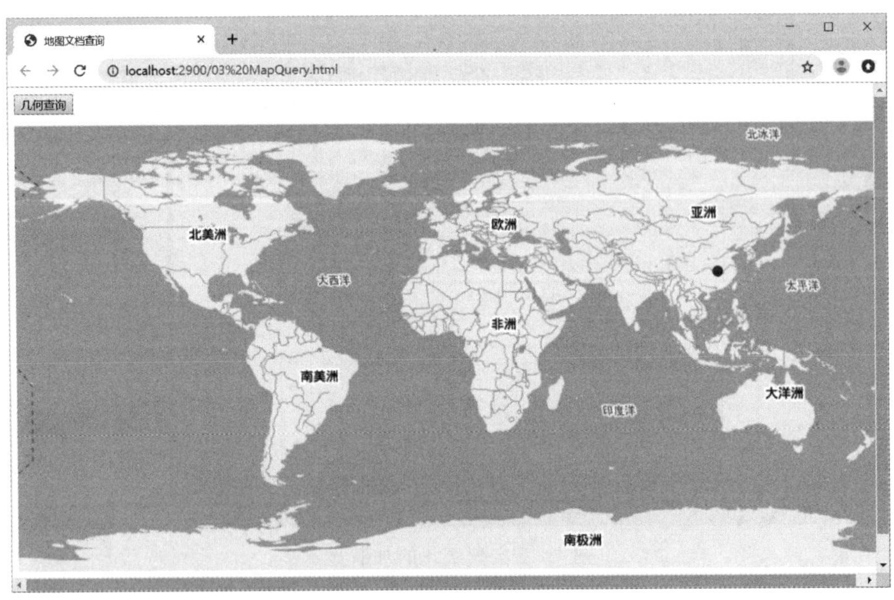

图 4-3　点形状绘制显示的效果

(4)实现几何查询,也就是通过几何图形的方式进行矢量数据检索,实现的过程如下。

首先,“几何查询”按钮中 GeometryQuery()方法要实现的内容,具体包含下面几个部分。

第一步:创建查询结构对象

```
//创建查询结构对象
var queryStruct = new Zondy.Service.QueryFeatureStruct(); //初始化查询结构对象,设置查询结构包含几何信息
queryStruct.IncludeGeometry = true;  //是否包含几何图形信息
queryStruct.IncludeAttribute = true;  //是否包含属性信息
queryStruct.IncludeWebGraphic = false;  //是否包含图形显示参数
```

第二步:创建查询几何空间范围

```
//创建查询几何空间范围(这里以点几何为例)
var pointObj = new Zondy.Object.Point2D(114, 30);  //创建一个用于查询的点形状
pointObj.nearDis = 0.001;  //设置查询点的搜索半径
```

第三步:实例化查询对象

```
//实例化查询参数对象
var queryParam=new Zondy.Service.QueryParameter({
        geometry: pointObj,  //用于查询的几何描述
        resultFormat: "json",  //查询结果的序列化形式
        struct: queryStruct,  //指定查询结果所包含的要素信息
        //指定查询规则
        rule: new Zondy.Service.QueryFeatureRule({
                EnableDisplayCondition: false,  //是否将要素的可见性计算在内
                MustInside: false,  //是否完全包含
                CompareRectOnly: false,  //是否仅比较要素的外包矩形
                Intersect: true  //是否相交
            })
        })
queryParam.pageIndex = 0;  //设置查询分页号
queryParam.recordNumber = 20;  //设置查询要素数目
```

第四步:实例化查询服务对象,并执行查询

```
//实例化地图文档查询服务对象,并执行查询操作
var queryService = new Zondy.Service.QueryDocFeature(queryParam, "WorldJWVector", "1",
{
                ip: "develop.smaryun.com",
                port: "6163"
    })
queryService.query(querySuccess, queryError);
```

其次,实现几何查询中的回调函数,并在成功回调函数中实现查询结果的高亮显示。

```
//查询成功回调函数
function querySuccess(result) {
    //初始化 Zondy.Format.PolygonJSON 类
    var format = new Zondy.Format.PolygonJSON();
    //将 MapGIS 要素 JSON 反序列化为 ol.Feature 类型数组
    var feature = format.read(result);
    //实例化一个矢量图层 drawLayer 用于高亮显示结果
    var drawSource = new ol.source.Vector({
        wrapX: false
    });
    drawSource.addFeature(feature[0]);  //添加到绘制的图层上
    var drawLayer = new ol.layer.Vector({
            source: drawSource,
            style: new ol.style.Style({
                    //填充色
                    fill: new ol.style.Fill({
                            color: "red"
                    }),
                    //边线样式
                    stroke: new ol.style.Stroke({
                            color: "purple",
                            width: 1
                    })
            })
    })
   map.addLayer(drawLayer); //将绘制层添加到地图容器中
}
```

最后,在失败回调函数中实现查询失败的相关提示。

```
//查询失败回调函数
function queryError() {
        alert("查询失败!");
}
```

3. 在浏览器中查看

将地图文档查询功能的 HTML 页面在浏览器中打开,然后在浏览器的页面中点击“几何查询”按钮,可以看到查询结果的高亮显示,如图 4-4 所示。

图 4-4　查询结果高亮显示

五、练习

(1)设置查询参数,一次性返回所有满足条件的查询结果。

(2)闪烁显示查询到的空间要素。

实验五　矢量数据编辑

一、实验目的

(1)了解地图编辑的操作类型。

(2)掌握 MapGIS 平台进行地图编辑的一般方式。

二、实验学时

2 个学时。

三、实验准备

(1)地图数据:发布到 MapGIS Server Manager 中的地图服务。

(2)集成开发环境:Microsoft Visual Studio。

(3)开发语言: HTML、CSS、JavaScript。

四、实验内容

矢量数据编辑,即要素编辑功能,是 WebGIS 中常用的一类功能,可以将存储到图层中的空间数据进行信息修改、添加新数据、删除数据等操作。

下面以编辑点要素为例,进行具体介绍。

1. 加载底图

参照"实验二　空间数据可视化"的内容,附加实验文件中"data"文件夹下的数据库"平台基础示例数据. HDF",然后将"data"文件夹下的"WUHAN. mapx"地图文档进行发布,并实现其加载显示。实现效果如图 5-1 所示。

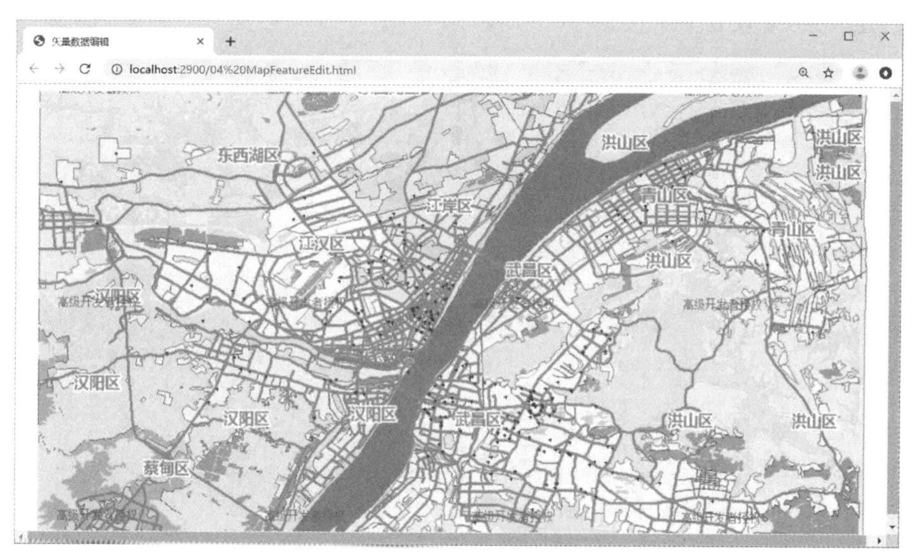

图 5-1　底图数据加载

2. 添加点要素的功能实现

1)构建要素:Zondy. Object. Feature

(1)创建要素几何信息对象:Zondy. Object. FeatureGeometry。

```
//创建一个点形状,描述点形状的几何信息
var gpoint = new Zondy. Object. GPoint(114. 3, 30. 6);
//设置当前点要素的几何信息
var fGeom = new Zondy. Object. FeatureGeometry({ PntGeom: [gpoint] });
```

(2)要素属性信息数组:AttValue。

```
//设置添加点要素的属性信息
var attValue = [123, "测试名称", "测试地址", "测试图片", "测试城区", 20];
```

(3)设置创建要素图形信息对象:Zondy. Object. WebGraphicsInfo。

```
//设置当前点要素的图形参数信息
var webGraphicInfo = new Zondy. Object. WebGraphicsInfo({
        InfoType: 1,
        PntInfo: newZondy. Object. CPointInfo({
                Angle: 0,
                Color: 6,
                SymHeight: 100,
                SymID: 98,
                SymWidth: 50
        })
});
```

(4)创建要素,并设置要素类型:setFType。

```
//创建一个要素
var feature = new Zondy.Object.Feature({
                fGeom: fGeom,
                GraphicInfo: webGraphicInfo,
                AttValue: attValue
})
//设置要素为点要素
feature.setFType(1);
```

2)构建要素集:Zondy.Object.FeatureSet

```
//创建一个要素数据集
var featureSet = new Zondy.Object.FeatureSet({
            //要素集合
            SFEleArray: [feature],
            //要素属性结构
            AttStruct: newZondy.Object.CAttStruct({
                    FldName: ["ID", "名称", "地址", "图片", "城区", "LayerID"],
                    FldNumber: 6,
                    FldType: ["long", "string", "string", "string", "string", "long"]
            })
    });
```

3)创建要素编辑服务并执行编辑工作

```
//创建一个编辑服务类
var editService = new Zondy.Service.EditLayerFeature("gdbp://MapGisLocal/平台基础示例数据/ds/武汉市区/sfcls/政府机关",
        {
        ip: "localhost",
        port: "6163"
        });
//执行要素添加服务
editService.add(featureSet, onPntSuccess);

//添加点要素回调函数
function onPntSuccess(result) {
        if (result) {
```

```
        alert("添加要素成功!");
        mapDocLayer.refresh();
    }
    else{
        alert("添加要素失败!");
    }
}
```

在页面中添加一个“添加点要素”的按钮，并将上述的逻辑代码梳理到按钮的点击事件方法中。点击按钮，实现点要素的添加，效果如图 5-2 所示。

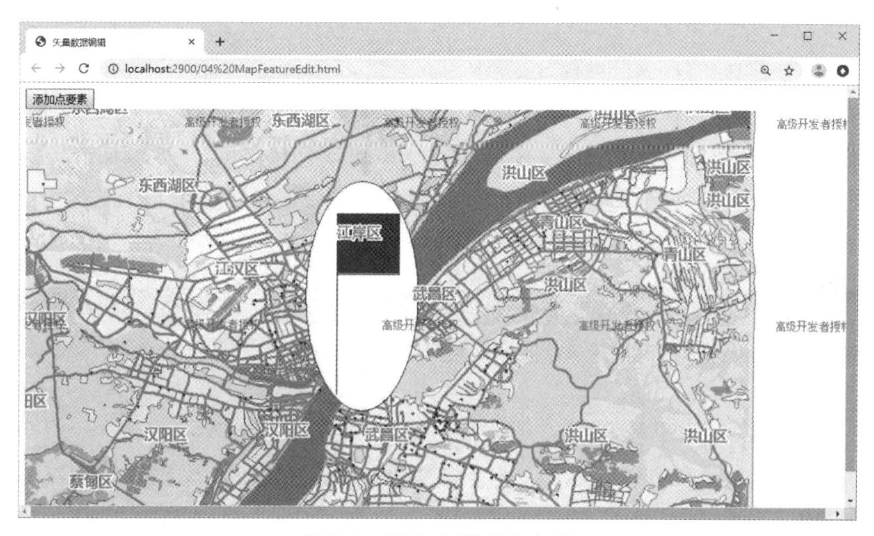

图 5-2　添加点要素的实现

3. 修改点要素的功能实现

修改点要素的功能实现，与添加点要素的功能实现大致相同，不同的地方在于以下两点。

(1)创建要素时，不仅要设置要素类型 setFType()，还要 setFID()设置要素 id。这里的要素 id，就是需要进行修改的要素的 id。

```
//创建一个点要素
var newFeature = new Zondy.Object.Feature({
    fGeom: fGeom,
    GraphicInfo: webGraphicInfo,
    AttValue: attValue
});
//设置要素为点要素
newFeature.setFType(1);
newFeature.setFID(featureIds);
```

(2)创建要素编辑服务并执行编辑工作，调用 update 方法实现要素修改操作。

4. 删除点要素的功能实现

(1)创建要素编辑服务对象:Zondy. Service. EditDocFeature。

```
var deleteService = new Zondy. Service. EditLayerFeature("gdbp://MapGisLocal/平台基础示例数据/ds/武汉市区/sfcls/政府机关",
    {
        ip: "localhost",
        port: "6163"
    });
```

(2)指定要素 id,根据要素 id 执行要素删除服务:deletes。

```
deleteService. deletes(273, DeleteSuccess);
```

注意:添加要素成功后,会在 MapGIS 的数据库中多一条数据,如果想把该要素删除,可以根据要素 id 进行删除,要素 id 可以在桌面 MapGIS 中查阅。具体操作过程:在桌面 MapGIS中打开地图→选中被添加要素的图层,用鼠标右键选择“查看属性”→在打开的属性表中,可以查阅到要素的 id(即属性表中的 OID),如图 5-3 所示。

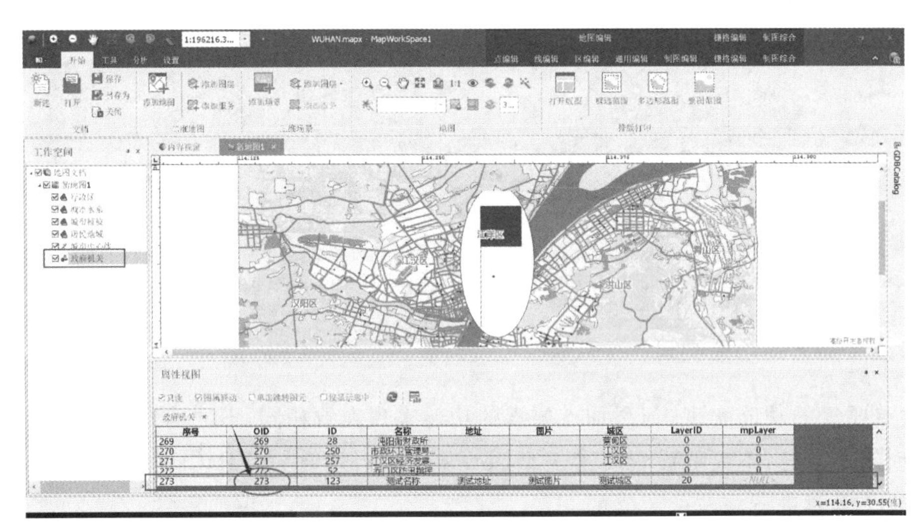

图 5-3 查看要素 id

(3)实现回调函数。

```
//删除点要素的回调函数
function DeleteSuccess(data) {
    if (data) {
        alert("删除要素成功!")
        mapDocLayer. refresh();
    }
    else {alert("删除要素失败!")}
}
```

同样地，在页面中添加一个“删除点要素”的按钮，将上述删除的逻辑代码写到该按钮的点击事件方法中，实现点要素的删除功能，实现效果如图 5-4 所示。

图 5-4　删除点要素的实现

五、练习

(1)尝试自定义查询条件，然后将查询结果用表格显示，支持选择其中的某一行，将其对应的要素删除。

(2)支持鼠标在地图上进行点击和拉框交互式查询，然后提示用户对其中的要素进行删除操作。

实验六　矢量数据统计

一、实验目的

（1）了解矢量数据统计分析的方式。
（2）掌握 MapGIS 平台接口实现矢量数据统计分析的一般过程。

二、实验学时

2 个学时。

三、实验准备

（1）地图数据：发布到 MapGIS Server Manager 中的地图服务。
（2）集成开发环境：Microsoft Visual Studio。
（3）开发语言：HTML、CSS、JavaScript。

四、实验内容

矢量数据统计的方式有很多种，例如：专题图就是数据统计与分析的最常用方式之一。专题图服务作为空间信息的图形表达式、分析研究与认知的手段，越来越受到经济建设、科学研究、文化教育、国防军事等部门的高度重视与广泛应用，已在许多部门和学科的分析评价、预测预报、规划设计、决策管理中发挥着重要作用。

专题图服务功能为 WebGIS 的展示，增加了更加形象的表达方式，例如：当需要在地图上表示国家的人口分布状况时，就可以通过全国人口密度分布图的专题图去实现其表达。

MapGIS 平台接口可以实现很多常见的专题图，例如：单值专题图、唯一专题图、分段专题图、统一配置专题图、随机专题图、统计专题图、点密度专题图、等级符号专题图、范围专题图等。下面就以“随机专题图”为例，进行专题图实现的一般过程介绍，步骤如下。

1. 数据准备

制作专题图，首先是以数据为基础，根据需求创建适当的专题图展示效果。数据的来源可以根据需求，用 MapGIS 桌面版制作地图数据，用于创建专题图。这里，是以司马云官网服务器上的数据为例，进行专题图制作功能的演示。具体的地图服务名称为“WorldJWVector”；所在服务器的参数如下。

ip:“develop. smaryun. com”。

port：“6163”。

2. 代码实现

(1)实现地图数据的加载显示。参照“实验二 空间数据可视化”的内容，实现地图数据的加载显示。实现效果如图 6-1 所示。

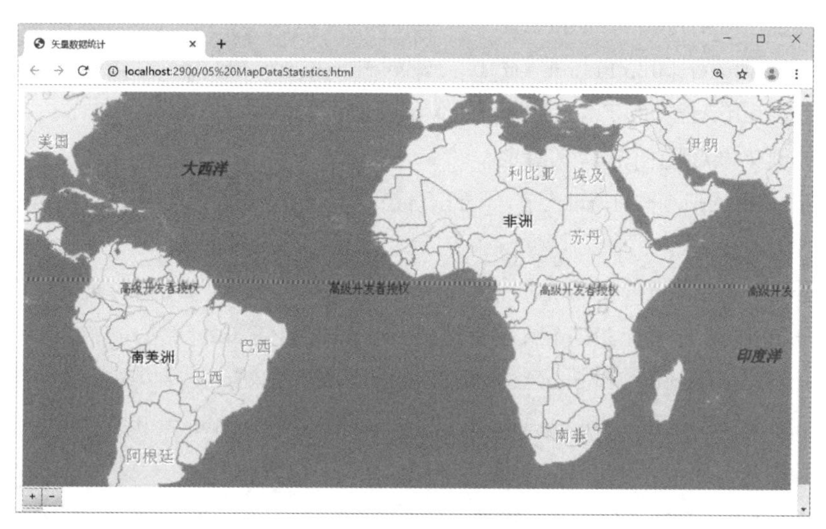

图 6-1　地图加载显示

(2)初始化专题图服务类。

首先，定义全局变量：专题图服务类和专题图结构信息对象。

```
//专题图服务类
var oper, themesInfoArr;
```

然后，初始化专题图服务类。

```
//初始化专题图服务类
oper = new Zondy. Service. ThemeOper();
oper. ip = "develop. smaryun. com";
oper. port = "6163";
oper. guid = docLayer. options. source. guid;
```

(3)创建专题图。

首先，在页面中添加一个“创建专题图”按钮，在其点击事件的方法中，实现创建专题图的过程，代码如下所示。

```
//创建专题图
function createTheme() {
        //初始化 Zondy. Object. Theme. ThemesInfo,用于设置需添加的专题相关信息
        themesInfoArr = [];
        themesInfoArr[0] = new Zondy. Object. Theme. ThemesInfo();
```

```
        themesInfoArr[0]. LayerName = "世界政区"; //设置图层名称
        themesInfoArr[0]. ThemeArr = []; //初始化指定图层的专题图信息对象,之后
再给该数组赋值
        //实例化 CRandomTheme 类
        themesInfoArr[0]. ThemeArr[0] = new Zondy. Object. Theme. CRandomTheme
();
        themesInfoArr[0]. ThemeArr[0]. Name = "随机专题图"; //专题图名称
        themesInfoArr[0]. ThemeArr[0]. IsBaseTheme = false; //单值专题图
        themesInfoArr[0]. ThemeArr[0]. Visible = true; //可见
        //实例化专题图图形信息对象
        themesInfoArr[0]. ThemeArr[0]. ThemeInfo = new Zondy. Object. Theme. CThemeInfo
();
        themesInfoArr[0]. ThemeArr[0]. ThemeInfo. Caption = "";
        themesInfoArr[0]. ThemeArr[0]. ThemeInfo. IsVisible = true;
        themesInfoArr[0]. ThemeArr[0]. ThemeInfo. MaxScale = 0;
        themesInfoArr[0]. ThemeArr[0]. ThemeInfo. MinScale = 0;
        //实例化 CRegInfo 类
        themesInfoArr[0]. ThemeArr[0]. ThemeInfo. RegInfo = new Zondy. Object.
Theme. CRegInfo();
        //给指定地图文档指定图层添加专题图
        oper. addThemesInfo("WorldJWVector", "1", themesInfoArr, onRandom-
Theme);
  }
```

其次,实现创建专题图成功后的回调函数,如下所示。

```
//调用专题图服务成功后的回调
function onRandomTheme(flg) {
    if (flg) {
        //刷新地图,即重新加载生成专题图后的地图文档
        docLayer. refresh();
    }
    else {
        return false;
    }
}
```

然后,点击“创建专题图”按钮,将会看到专题图创建的实现效果,如图 6-2 所示。

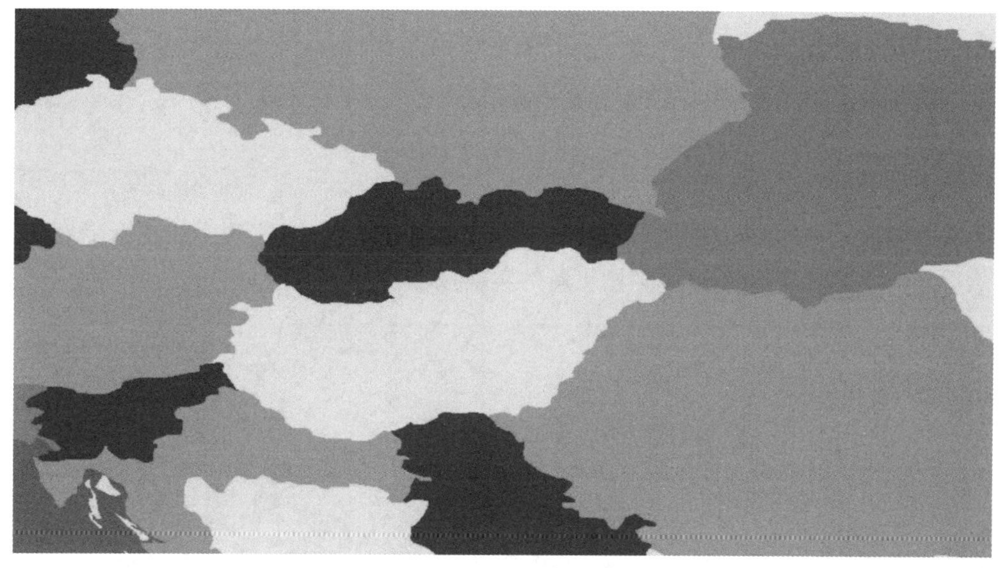

图 6-2　创建专题图的实现

(4)更新专题图。

```
//更新专题图
function updateTheme() {
    //获取专题图信息
    //参数:地图文档名称,专题图索引与图层索引对应关系,成功回调函数
    oper.getThemesInfo("WorldJWVector", "1/0", function (themesInfoArr) {
        if (themesInfoArr.length > 0 && themesInfoArr[0].ThemeArr != null) {
            var i;
            for (i = 0; i < themesInfoArr[0].ThemeArr.length; i++) {
                if (themesInfoArr[0].ThemeArr[i].Type == "CRandomTheme") {
                    //更新专题图信息
                    //参数:地图文档名称,专题图索引与图层索引对应关系,待更新的专题图,成功回调函数
                    oper.updateThemesInfo("WorldJWVector", "1/0", themesInfoArr, onRandomTheme);
                    break;
                }
            }
            if (i == themesInfoArr[0].ThemeArr.length)
                alert("没有该专题信息");
```

```
            }
            else
                alert("没有该专题信息");
        });
    }
```

页面中添加一个“更新专题图”按钮，在其点击事件的方法中，实现上述更新专题图的过程。然后点击该按钮，将会看到专题图更新的实现，效果如图 6-3 所示。

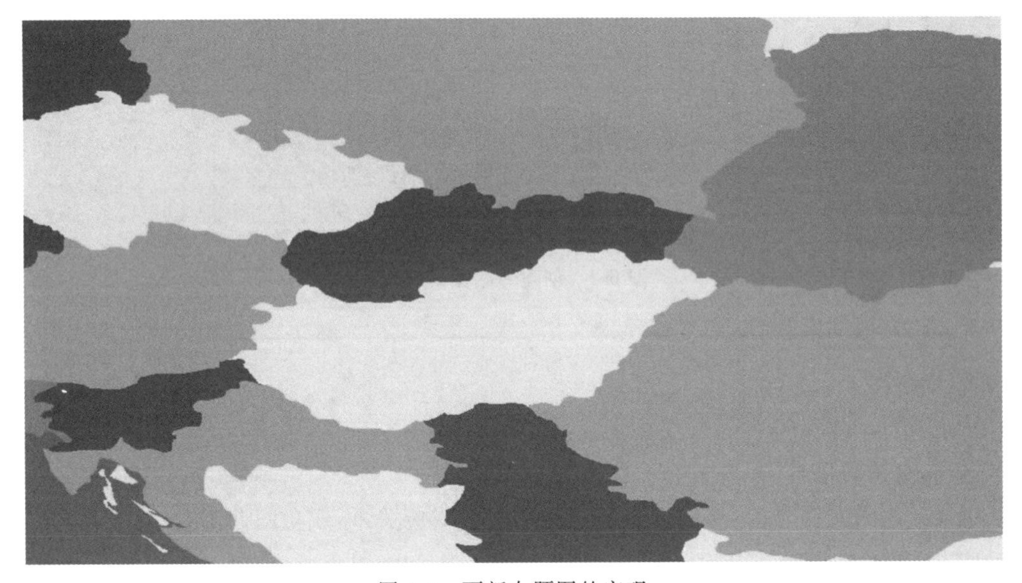

图 6-3　更新专题图的实现

(5)删除专题图。

```
//删除专题图
function deleteTheme() {
    if (themesInfoArr) {
        oper.removeThemesInfo("WorldJWVector", "1/0", onRandomTheme);
        themesInfoArr = null;
    }
    else {
        alert("已清除或者没有该专题图信息!");
    }
}
```

页面中添加一个“删除专题图”按钮，在其点击事件的方法中，实现上述删除专题图的过程。然后点击该按钮，将会看到专题图删除的实现，效果如图 6-4 所示。

图 6-4　删除专题图的实现

五、练习

(1)支持用户输入查询条件,统计查询结果中所有要素的面积之和。

(2)在地图上叠加显示拆线图、柱状图等统计图。

实验七　矢量数据缓冲分析

一、实验目的

(1)了解矢量数据缓冲分析的类别和意义。

(2)掌握矢量数据缓冲分析的一般过程和方法。

二、实验学时

2 个学时。

三、实验准备

(1)地图数据:发布到 MapGIS Server Manager 中的地图服务。

(2)集成开发环境:Microsoft Visual Studio。

(3)开发语言: HTML、CSS、JavaScript。

四、实验内容

缓冲区分析是指以点、线、面实体为基础,自动建立其周围一定宽度范围内的缓冲区多边形图层,然后建立该图层与目标图层的叠加,进行分析而得到所需结果。缓冲区分析是地理信息系统重要的空间分析功能之一,它在交通、林业、资源管理、城市规划中有着广泛的应用,例如:湖泊和河流周围的保护区的定界、汽车服务区的选择、民宅区远离街道网络的缓冲区的建立等。

MapGIS 平台接口实现常见的缓冲区分析功能,例如:类缓冲区分析、要素缓冲区分析等。下面就以类缓冲区分析中的多圈缓冲区分析为例,进行实现过程的介绍。

1. 数据准备

这里,以司马云官网服务器上的数据为例,进行缓冲区分析功能的演示。所使用的简单要素类的 URL 地址信息为“gdbp://MapGisLocal/OpenLayerVecterMap/ds/世界地图经纬度/sfcls/世界河流_1”;所在服务器的参数如下。

ip:“develop. smaryun. com”。

port:“6163”。

2. 代码实现

1)底图数据加载显示

参照“实验三 互联网地图显示”的实验内容,实现以天地图为底图数据的加载显示。实现效果如图 7-1 所示。

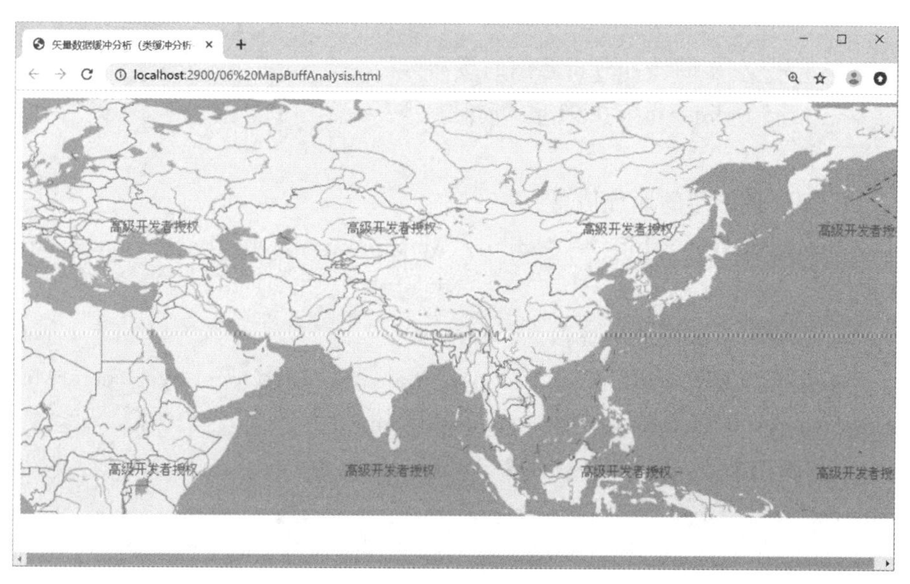

图 7-1　底图显示

2)缓冲区实现

(1)初始化地图文档的图层对象,用于缓冲区分析的图层简单要素类,代码如下。

```
//初始化地图文档图层对象
var vectorLayer = new Zondy.Map.GdbpLayer("", ["gdbp://MapGisLocal/OpenLayerVecter
    Map/ds/世界地图经纬度/sfcls/世界河流_1"],
    {
        ip: "develop.smaryun.com",
        port: "6163" //访问 IGServer 的端口号,.net 版为 6163,Java 版为 8089
    });
//将地图文档图层加载到地图中
map.addLayer(vectorLayer);
```

(2)缓冲区分析的实现过程。其实就是定义一系列方法,用于实现矢量数据的缓冲区分析,代码如下。

```
//执行多圈缓冲区分析
function multiBuffAnalysis() {
        //清除分析结果
```

```
        clearA()；
        //实例化矢量图层多圈缓冲区分析服务类
        var clsBufByMR = new Zondy. Service. ClassBufferByMultiplyRing({
            ip："develop. smaryun. com"，
                port："6163"，//访问 IGServer 的端口号，. net 版为 6163，Java 版
为 8089
            //多圈缓冲分析各圈的缓冲半径
            radiusStr："0. 01，0. 05，1"
        })；
        //源矢量图层的地址信息
        clsBufByMR. srcInfo = "gdbp：//MapGisLocal/OpenLayerVecterMap/ds/世界
地图经纬度/sfcls/世界河流_1"；
        //目的矢量图层的地址信息
        clsBufByMR. desInfo = "gdbp：//MapGisLocal/OpenLayerVecterMap/sfcls/"
+"multiBu ffAnalysisResultLayer" + getCurentTime()；
        //调用基类 Zondy. Service. AnalysisBase 的 execute 方法执行类缓冲分析，
AnalysisSuccess 为回调函数
        clsBufByMR. execute(AnalysisSuccess，"post"，false，"json"，AnalysisError)；
}
```

执行缓冲区分析时，有相应的成功回调函数和失败回调函数。如果缓冲区执行成功，则进入成功回调函数 AnalysisSuccess()中，否则进入失败回调函数 AnalysisError()中。实现如下。

```
//分析成功后的回调
function AnalysisSuccess(data) {
        //缓存结果图层的基地址
        var resultBaseUrl = "gdbp：//MapGisLocal/OpenLayerVecterMap/sfcls/"；
            if (data. results) {
                if (data. results. length ! = 0) {
                    var resultLayerUrl = data. results[0]. Value；
                    //将结果图层添加到地图视图中显示
                    var resultLayer = new Zondy. Map. GdbpLayer("MapGIS IGS
BuffAnalyResultLayer"，[resultBaseUrl + resultLayerUrl]，{
                        ip："develop. smaryun. com"，
```

```
                                port: "6163"//访问 IGServer 的端口号,.net 版为 6163,
Java 版为 8089
                        });
                        map.addLayer(resultLayer);
                    }
                }
                else {
                    alert("缓冲失败,请检查参数!");
                }
            }

    //分析失败回调
    function AnalysisError(e) {
        alert("缓冲失败!");
    }
```

每次缓冲区分析结果的名称,与已有的图层不能重名,所以在定义 clsBufByMR.desInfo 时,每次赋值都有一个生成后缀的 getCurentTime()方法,用于拼接成不同的目的图层地址名称。getCurentTime()方法的实现如下。

```
    //当前日期加时间(如:2009-06-12-120000)
            function getCurentTime() {
            var now = new Date();
            var year = now.getFullYear();  //获取当前年份
            var month = now.getMonth() + 1;  //获取当前月份
            var day = now.getDate();  //获取当前日期
            var hh = now.getHours();  //获取当前时刻
            var mm = now.getMinutes();  //获取当前分钟
            var ss = now.getSeconds();  //获取当前秒钟
            var clock = year + "-";  //将当前的日期拼串
            if (month < 10) clock += "0";
            clock += month + "-";
            if (day < 10) clock += "0";
            clock += day + "-";
            if (hh < 10) clock += "0";
            clock += hh;
            if (mm < 10) clock += '0';
            clock += mm;
```

```
        if (ss < 10) clock += '0';
        clock += ss;
        return (clock);
    }
```

最后，在页面上添加“多圈缓冲区分析”按钮，在按钮的点击事件中实现上述的缓冲区分析的过程。点击该按钮，效果如图 7-2 所示。

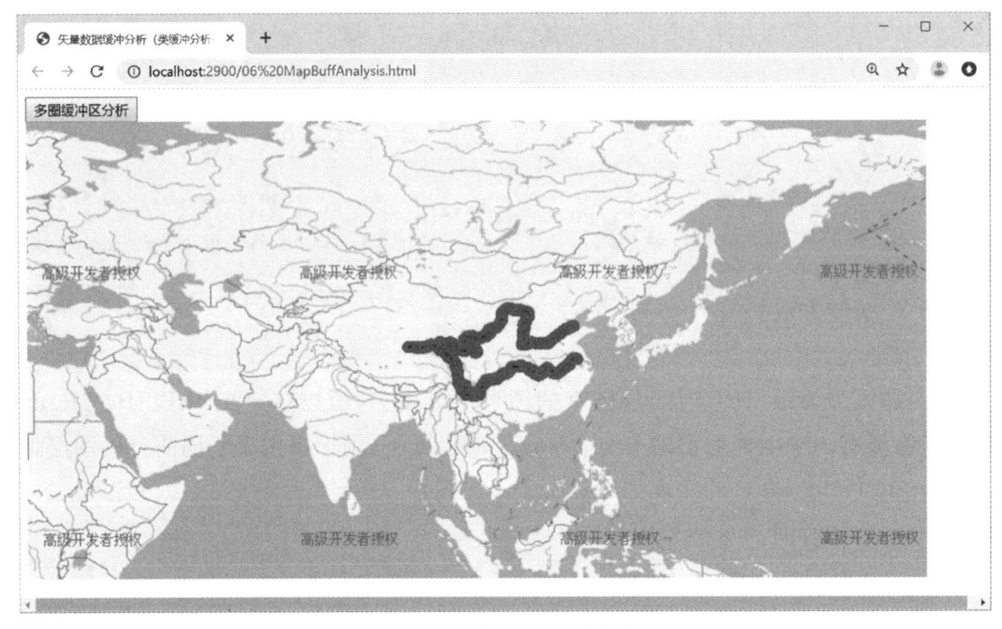

图 7-2　多圈缓冲区分析的实现

(3)清除缓冲区的实现。页面添加“清除结果”按钮，在其点击事件中添加如下的方法。

```
//清除客户端分析结果信息
function clearA() {
    if (map.getLayers().array_.length > 1) {
        for (var i = map.getLayers().array_.length - 1; i > 0; i--) {
            map.removeLayer(map.getLayers().array_[i]);
        }
    }
    else
        return;
}
```

点击“清除结果”，可以实现清除缓冲区分析结果，效果如图 7-3 所示。

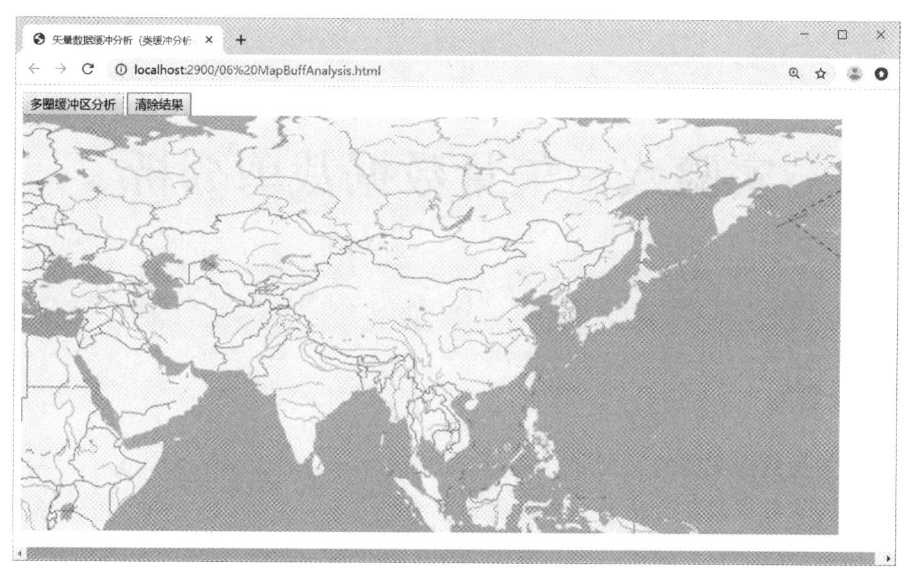

图 7-3　清除缓冲区分析的实现

五、练习

(1)支持用户绘制一条线或一个区,然后进行缓冲分析。

(2)查询缓冲区分析结果,显示缓冲区分析结果的面积和周长。

实验八　矢量数据裁剪分析

一、实验目的

(1)了解矢量数据裁剪的类别和意义。

(2)掌握矢量数据裁剪分析的一般过程和方法。

二、实验学时

2 个学时。

三、实验准备

(1)地图数据:发布到 MapGIS Server Manager 中的地图服务。

(2)集成开发环境:Microsoft Visual Studio。

(3)开发语言: HTML、CSS、JavaScript。

四、实验内容

裁剪分析,也就是在进行多边形叠合时,输出层为按一个图层的边界,对另一个图层的内容进行截取后的结果。图形表示就是如图 8-1 所示的情况。

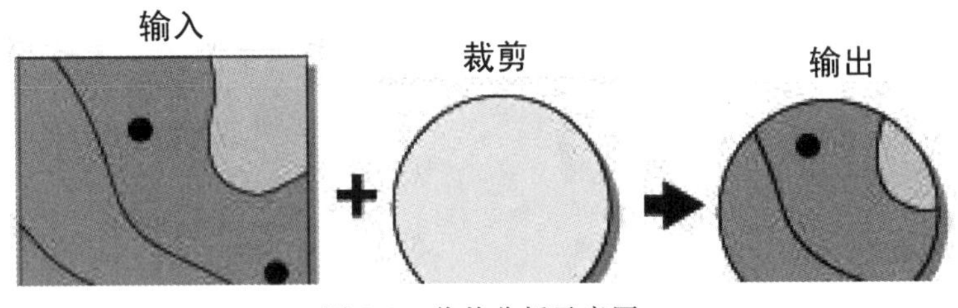

图 8-1　裁剪分析示意图

也就是说,裁剪分析将几何要素与矢量要素图层进行裁剪产生一个新矢量要素图层的操作。MapGIS 平台接口实现常见的裁剪分析功能,例如:圆裁剪分析、多边形裁剪分析、图层裁剪分析等。下面就以圆裁剪分析为例,进行实现过程的介绍。

1. 数据准备

这里，以司马云官网服务器上的数据为例，进行裁剪分析功能的演示。所使用的被裁剪图层的 URL 地址为“gdbp://MapGisLocal/OpenLayerVecterMap/ds/世界地图经纬度/sfcls/世界政区”；数据所在服务器的相关参数如下。

ip：“develop. smaryun. com”。

port：“6163”。

2. 代码实现

1)底图数据加载显示

参照“实验三 互联网地图显示”的实验内容，实现以天地图为底图数据的加载显示。实现效果如图 8-2 所示。

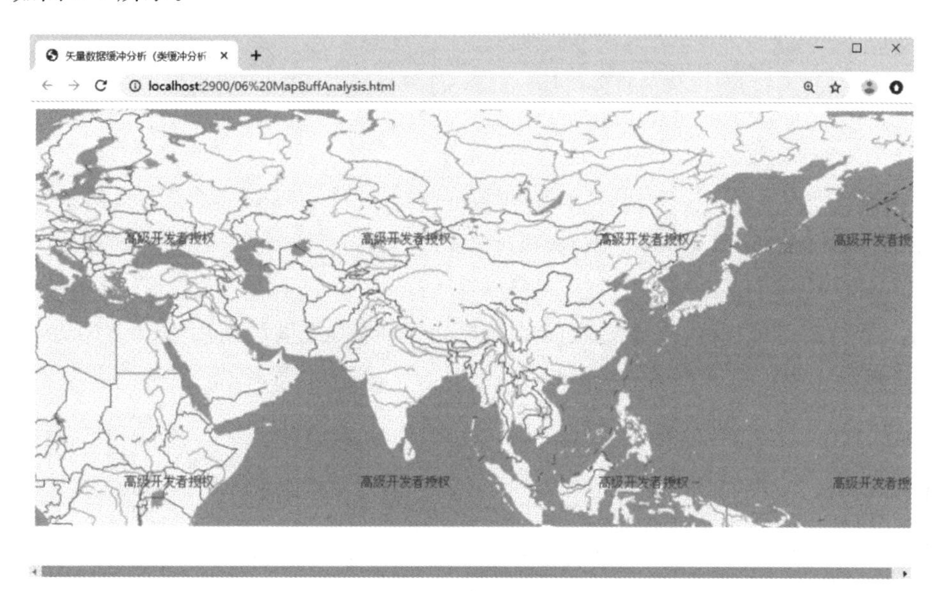

图 8-2　底图显示

2)裁剪分析的实现

(1)实现裁剪分析的过程，其实就是在准备好裁剪数据的基础上，创建裁剪分析服务类，设置相应的参数信息，最后执行分析。定义一个函数实现这一系列过程的方法，实现如下。

```
//缓存结果图层的基地址
    var resultBaseUrl = "gdbp://MapGisLocal/OpenLayerVecterMap/sfcls/";
    //执行圆裁剪分析
    function clipByCircleAnalysis() {
        //清除之前的分析结果
        clearA();
```

```
        var resultname = resultBaseUrl + "clipByCircleAnalysisResultLayer" + get-
CurentTime();
        //实例化 Zondy.Service.ClipByCircle 类
        var clipParam = new Zondy.Service.ClipByCircle({
                ip: "develop.smaryun.com",
                port: "6163", //访问 IGServer 的端口号,.net 版为 6163,Java 版为 8089
                //设置圆心坐标
                center: "88.62, 47.09",
                //设置圆半径长度
                radius: 50,
                //设置被裁剪图层 URL
                srcInfo: "gdbp://MapGisLocal/OpenLayerVecterMap/ds/世界地图经纬
度/sfcls/世界政区",
                //设置结果 URL
                desInfo: resultname
        });
        //调用基类的 execute 方法,执行圆裁剪分析。AnalysisSuccess 为结果回调函数
        clipParam.execute(AnalysisSuccess, "post", false, "json", AnalysisError);
    }
```

在每次执行裁剪分析时,需要将之前的分析结果清除,这里是利用 clearA()方法。具体实现如下。

```
//清除客户端分析结果信息
function clearA() {
    if (map.getLayers().array_.length > 1) {
        for (var i = map.getLayers().array_.length - 1; i > 0; i--) {
            map.removeLayer(map.getLayers().array_[i]);
        }
    }
    else
        return;
}
```

每次裁剪分析结果的名称,与已有的图层不能重名。所以在定义结果名称 resultname 时,每次赋值都有一个生成后缀的 getCurentTime()方法,用于拼接成不同的目的图层地址名称。getCurentTime()方法的实现如下。

```
//当前日期加时间(如:2009-06-12-120000)
        function getCurentTime() {
            var now = new Date();
            var year = now.getFullYear();   //获取当前年份
            var month = now.getMonth() + 1;   //获取当前月份
            var day = now.getDate();   //获取当前日期
            var hh = now.getHours();   //获取当前时刻
            var mm = now.getMinutes();   //获取当前分钟
            var ss = now.getSeconds();   //获取当前秒钟
            var clock = year + "-";   //将当前的日期拼串
            if (month < 10) clock += "0";
            clock += month + "-";
            if (day < 10) clock += "0";
            clock += day + "-";
            if (hh < 10) clock += "0";
            clock += hh;
            if (mm < 10) clock += '0';
            clock += mm;
            if (ss < 10) clock += '0';
            clock += ss;
            return (clock);
        }
```

然后,执行裁剪分析时,有成功回调函数和失败回调函数,代码分别如下。

```
//分析成功后的回调
function AnalysisSuccess(data) {
        if (! data.results) {
            alert("裁剪分析失败,请检查参数!");
        }
        else {
            if (data.results.length ! = 0) {
                    var resultLayerUrl = data.results[0].Value;
                    //将结果图层添加到地图视图中显示
                        var resultLayer = new Zondy.Map.GdbpLayer("MapGIS IGS
ClipAnalysisResultLayer", [resultBaseUrl + resultLayerUrl], {
                            ip: "develop.smaryun.com",
                            port: "6163", //访问 IGServer 的端口号,.net 版为 6163,Java
版为 8089
```

```
                    isBaseLayer：false
                });
                map.addLayer(resultLayer);
            }
        }
    }

//分析失败回调
function AnalysisError(e) {
        alert("裁剪分析失败!");
}
```

最后，在页面上添加“圆裁剪分析”按钮，在按钮的点击事件中实现上述的圆裁剪分析的过程。点击该按钮，效果如图 8-3 所示。

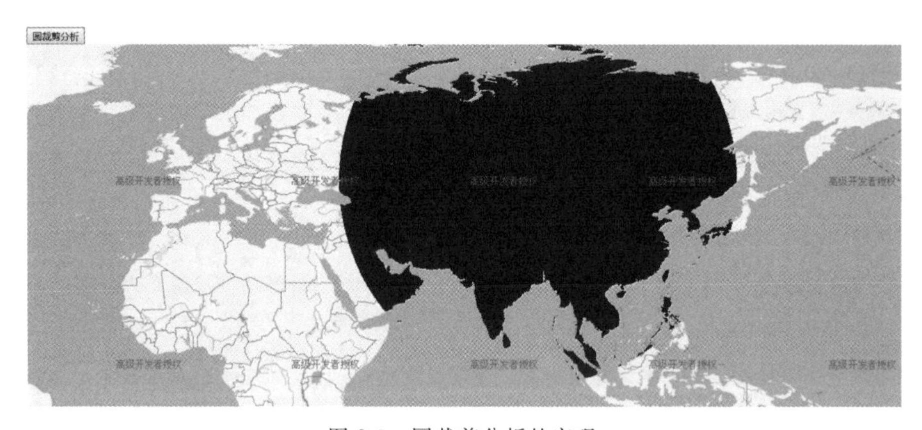

图 8-3　圆裁剪分析的实现

(2)清除裁剪分析结果的实现。页面添加“清除结果”按钮，在其点击事件中调用之前已写好的 clearA()方法，即可实现清除结果的功能。点击“清除结果”按钮，可以实现清除缓冲区分析结果，效果如图 8-4 所示。

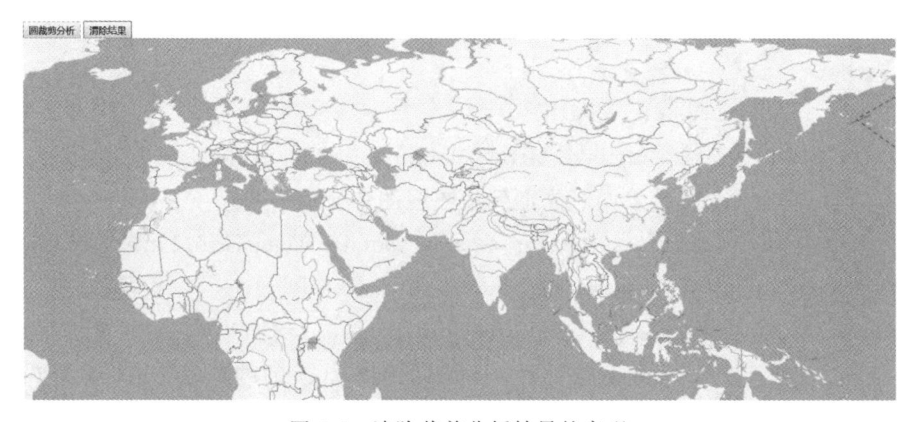

图 8-4　清除裁剪分析结果的实现

五、练习

(1)支持用户绘制一个裁剪区,然后进行裁剪分析。

(2)查询裁剪分析结果,用客户端绘制图形的方式显示裁剪分析结果。

实验九　矢量数据叠加分析

一、实验目的

(1)了解矢量数据叠加的类别和意义。
(2)掌握矢量数据叠加分析的一般过程和方法。

二、实验学时

2 个学时。

三、实验准备

(1)地图数据:发布到 MapGIS Server Manager 中的地图服务。
(2)集成开发环境:Microsoft Visual Studio。
(3)开发语言: HTML、CSS、JavaScript。

四、实验内容

叠加分析是 GIS 中的一项非常重要的空间分析功能,是指在统一空间参考系统下,通过对两个数据进行一系列集合运算,产生新数据的过程。这里提到的数据可以是图层对应的数据集,也可以是地物对象。叠加分析的叠置分析目标是分析在空间位置上有一定关联的空间对象的空间特征和专属属性之间的相互关系。多层数据的叠置分析,不仅产生了新的空间关系,还可以产生新的属性特征关系,能够发现多层数据间的相互差异、联系和变化等特征。

简单来说,矢量数据叠加分析,就是将两个或多个矢量数据进行叠加产生一个新矢量要素图层的操作。MapGIS 平台接口实现常见的叠加分析功能,例如:图层叠加分析、多边形叠加分析等。下面就以多边形叠加分析为例,进行实现过程的介绍。

1. 数据准备

这里以司马云官网服务器上的数据为例,进行叠加分析功能的演示。所使用的被叠加图层的 URL 地址为"gdbp://MapGisLocal/OpenLayerVecterMap/ds/世界地图经纬度/sfcls/世界政区";数据所在服务器的相关参数如下。

ip:"develop. smaryun. com"。

port:"6163"。

2. 代码实现

1)底图数据加载显示

参照“实验三 互联网地图显示”的实验内容，实现以天地图为底图数据的加载显示。实现效果如图 9-1 所示。

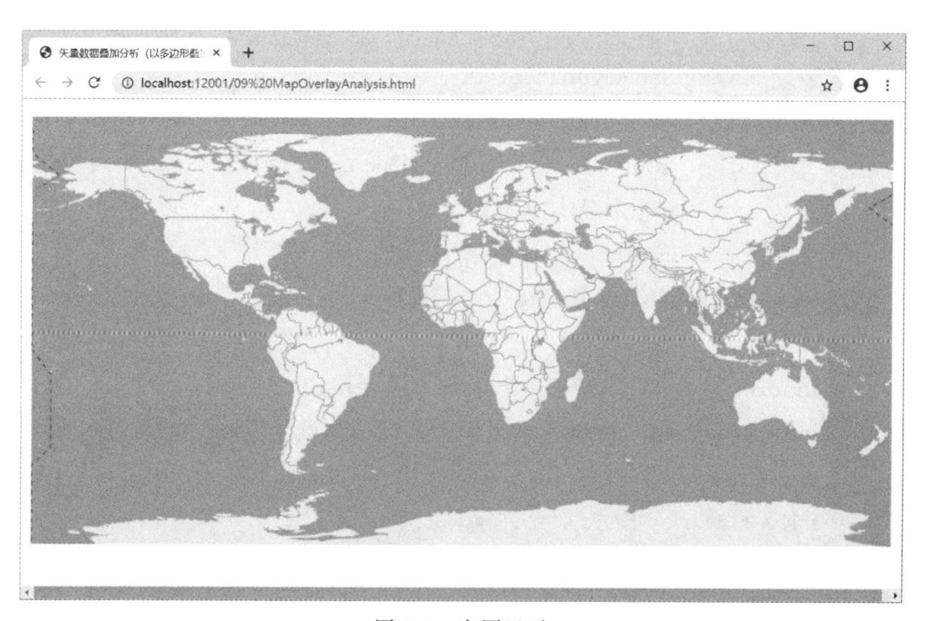

图 9-1　底图显示

2)矢量数据叠加分析的实现

(1)实现多边形叠加分析的过程，其实就是创建一个叠加空间几何，然后实例化多边形叠加分析类，最后执行叠加分析。定义一个函数实现这一系列过程的方法，实现如下。

```
//缓存结果图层的基地址
    var resultBaseUrl = "gdbp://MapGisLocal/OpenLayerVecterMap/sfcls/";
    //执行多边形叠加分析
    function OverlayByPolyAnalysis() {
        clearA(); //清除之前的分析结果
        var resultname = "gdbp://MapGisLocal/OpenLayerVecterMap/sfcls/" + "overLay
                                    ByPolyAnalysisResultLayer" +getCurentTime();
        //设置叠加空间几何信息
        var geoRegion = new Zondy.Object.GRegion([
                new Zondy.Object.AnyLine([new Zondy.Object.Arc([
                        new Zondy.Object.Point2D(114, 30),
                        new Zondy.Object.Point2D(25, 49),
                        new Zondy.Object.Point2D(53, 17),
```

```
                        new Zondy.Object.Point2D(44, 30.36),
                        new Zondy.Object.Point2D(114, 30)
                ], 0)
    ])], 0);
    //实例化 OverlayByPolygon 类
    var overlayParam = new Zondy.Service.OverlayByPolygon({
            ip: "develop.smaryun.com",
            port: "6163", //访问 IGServer 的端口号,.net 版为 6163,Java 版为 8089
            srcInfo1: "gdbp://MapGisLocal/OpenLayerVecterMap/ds/世界地图经纬度/sfcls/世界政区", //设置被叠加图层 URL
            desInfo: resultname,//设置结果 URL
            strGRegionXML: JSON.stringify(geoRegion),//设置多边形坐标序列化对象
            inFormat: "json",//多边形字符串输入格式
            infoOptType: 2,//设置结果图层的图形参数信息
            overType: 1,//求交
            isReCalculate: true,//允许重算面积
            radius: 0.05//容差半径
    });
    //调用基类的 execute 方法,执行叠加分析, onSuccess 为结果回调函数
    overlayParam.execute(AnalysisSuccess, "post", false, "json", AnalysisError);
}
```

每次叠加分析结果的名称,是需要不一样。所以在定义结果名称 resultname 时,每次赋值都有一个生成后缀的 getCurentTime()方法,用于拼接成不同的目的图层地址名称。getCurentTime()方法的实现如下。

```
//当前日期加时间(如:2009-06-12-120000)
    function getCurentTime() {
        var now = new Date();
        var year = now.getFullYear();   //获取当前年份
        var month = now.getMonth() + 1;   //获取当前月份
        var day = now.getDate();   //获取当前日期
        var hh = now.getHours();   //获取当前时刻
        var mm = now.getMinutes();   //获取当前分钟
        var ss = now.getSeconds();   //获取当前秒钟
```

```
        var clock = year + "-";  //将当前的日期拼串
        if (month < 10) clock += "0";
        clock += month + "-";
        if (day < 10) clock += "0";
        clock += day + "-";
        if (hh < 10) clock += "0";
        clock += hh;
        if (mm < 10) clock += '0';
        clock += mm;
        if (ss < 10) clock += '0';
        clock += ss;
        return (clock);
    }
```

然后，执行叠加分析时，有成功回调函数和失败回调函数，分别如下所示。

```
//分析成功后的回调
function AnalysisSuccess(data) {
    if (data.results) {
        if (data.results.length != 0) {
            var resultLayerUrl = data.results[0].Value;
            //将结果图层添加到地图视图中显示
             var resultLayer = new Zondy.Map.GdbpLayer("MapGIS IGS overLay-
AnalyResult Layer", [resultBaseUrl + resultLayerUrl], {
                    ip: "develop.smaryun.com",
                    port: "6163",//访问 IGServer 的端口号,.net 版为 6163,
Java 版为 8089

                    isBaseLayer: false
                });
                map.addLayer(resultLayer);
            }


        }
        else{
            alert("叠加分析失败,请检查参数!");
        }
```

```
    }

//分析失败回调
function AnalysisError(e) {
    alert("叠加分析失败!");
}
```

最后,在页面上添加“多边形叠加分析”按钮,在按钮的点击事件中实现上述的多边形叠加分析的过程。点击该按钮,效果如图 9-2 所示。

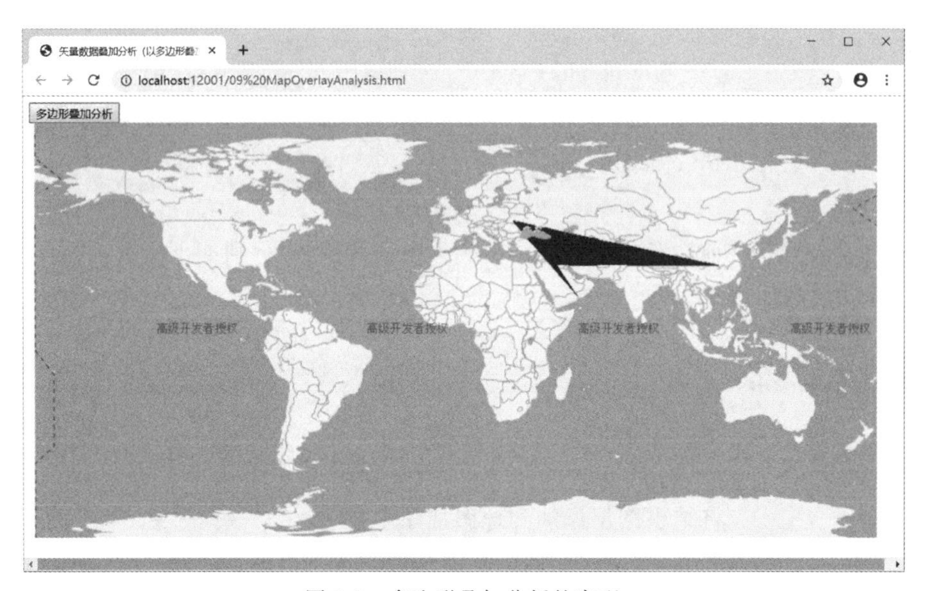

图 9-2　多边形叠加分析的实现

(2)清除缓冲区的实现。页面添加“清除结果”按钮,在其点击事件中添加如下方法。

```
//清除客户端分析结果信息
function clearA() {
    if (map.getLayers().array_.length > 1) {
        for (var i = map.getLayers().array_.length - 1; i > 0; i--) {
            map.removeLayer(map.getLayers().array_[i]);
        }
    }
    else
        return;
}
```

点击“清除结果”,可以实现清除缓冲区分析结果,效果如图 9-3 所示。

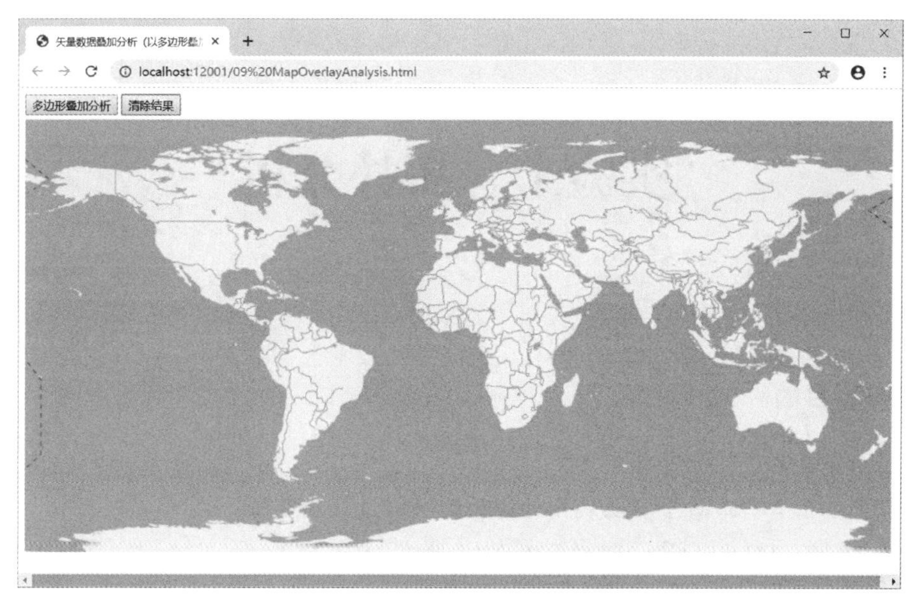

图 9-3　清除叠加分析结果的实现

五、练习

(1)获取地图文档图层列表，让用户自由选择两个图层，然后进行叠加分析。

(2)查询叠加分析结果图层，统计结果图层中所有要素的长度或面积之和。

实验十　拓扑分析

一、实验目的

(1)了解拓扑分析的类别和意义。
(2)掌握基于 MapGIS 平台实现拓扑分析的一般过程和方法。

二、实验学时

2 个学时。

三、实验准备

(1)地图数据:发布到 MapGIS Server Manager 中的地图服务。
(2)集成开发环境:Microsoft Visual Studio。
(3)开发语言:HTML、CSS、JavaScript。

四、实验内容

地理信息系统同其他一些事务信息处理系统(如银行管理系统、图书检索系统)的主要区别在于地理信息系统中具有大量几何目标信息。这些几何目标信息还包含两类信息:一类是目标本身的位置信息;另一类是地物间的空间关系信息。如果忽略几何目标间的空间关系信息,从数据结构的角度看,地理信息系统的数据结构就可以设计成通常事务信息处理系统的形式。也就是说,由于地理信息系统必须同时考虑几何目标的空间关系、地物位置信息及特征信息,地理信息系统的数据结构比较复杂。为了研究几何目标的空间关系,于是引入拓扑关系的概念。

拓扑关系反映了空间实体之间的逻辑关系,它不需要坐标、距离信息,不受比例尺限制,也不随投影关系变化。因此,在地理信息系统中,了解拓扑关系对空间数据的组织、空间数据的分析和处理都具有非常重要的意义。拓扑分析一般包括相离、相交、包含、相邻等关系。

MapGIS 平台接口实现常见的拓扑分析功能,例如:点与面、线与面、面与面的拓扑分析。下面就以线与面的拓扑关系分析为例,进行实现过程的介绍。

1. 数据准备

这里的数据使用第三方互联网地图(天地图)作为底图。调用 MapGIS IGServer 拓扑分析方法的所在服务器的相关参数如下。

ip:“develop. smaryun. com”。

port:“6163”。

2. 代码实现

1)底图数据加载显示

参照“实验三 互联网地图显示”的实验内容,实现以天地图为底图数据的加载显示。

2)创建用于拓扑分析的几何(线、面)

```
//创建线对象
var lineObj = new Zondy. Object. GLine(
            new Zondy. Object. AnyLine([new Zondy. Object. Arc
                ([
                    new Zondy. Object. Point2D(114. 40, 30. 60),
                    new Zondy. Object. Point2D(114. 45, 30. 20)
                ])
            ])
        );
//创建区几何对象
var regionObj = new Zondy. Object. GRegion([
                new Zondy. Object. AnyLine([new Zondy. Object. Arc([
                        new Zondy. Object. Point2D(114. 301586, 30. 533613),
                        new Zondy. Object. Point2D(114. 301586, 30. 396517),
                        new Zondy. Object. Point2D(114. 544453, 30. 396517),
                        new Zondy. Object. Point2D(114. 444453, 30. 533613),
                        new Zondy. Object. Point2D(114. 401586, 30. 533613)
                ])
                ])
]);

////将点几何和区几何添加到地图进行显示(非必需,仅仅为了在地图上高亮显示图形)
var linePntArr = [];
var linPointArr = [];
for (var i = 0; i < lineObj. Line. Arcs[0]. Dots. length; i++) {
    linePntArr. push([lineObj. Line. Arcs[0]. Dots[i]. x, lineObj. Line. Arcs[0]. Dots
[i]. y]);
}
for (var i = 0; i < regionObj. Rings[0]. Arcs[0]. Dots. length; i++) {
```

```
        linPointArr.push([regionObj.Rings[0].Arcs[0].Dots[i].x,
regionObj.Rings[0].Arcs[0].Dots[i].y]);
    }
    //创建要素 1(线要素)
    var feature1 = new ol.Feature({
        geometry: new ol.geom.LineString(linePntArr)
    });
    //设置要素样式
    feature1.setStyle(new ol.style.Style({
        stroke: new ol.style.Stroke({
            color: 'rgba(41,57,85,1)',
            width: 3
        })
    }));
    //创建要素 2(区要素)
    var feature2 = new ol.Feature({
        geometry: new ol.geom.Polygon([linPointArr])
    });
    //设置要素样式
    feature2.setStyle(new ol.style.Style({
        fill: new ol.style.Fill({
            color: 'rgba(22,197,199,0.5)'
        }),
        stroke: new ol.style.Stroke({
            color: 'rgba(22,197,199,0.5)',
            width: 3
        })
    }));
    //创建资源
    var source = new ol.source.Vector({
        features: [feature1, feature2],
        warpX: false
    });
    var graphicLayer = new ol.layer.Vector({
        source: source
    });
    map.addLayer(graphicLayer);
```

实现的显示效果如图 10-1 所示。

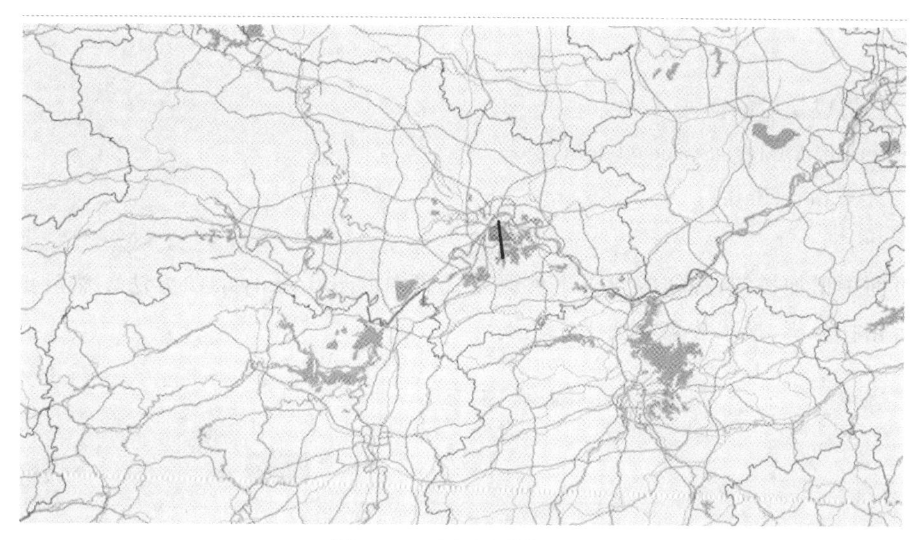

图 10-1　几何图形的显示

3)拓扑分析

```
//执行拓扑分析
function topAnalysis() {
        //初始化 TopAnalysis 类
        var topParam = new Zondy. Service. TopAnalysis({
                ip: "develop. smaryun. com",
                port: "6163"//访问 IGServer 的端口号,. net 版为 6163,Java 版为 8089
        });

        //调用 setPnt 方法,设置点类型
        topParam. setLine(lineObj);
        //调用 setRelativeObj 方法,设置拓扑分析参照物
        topParam. setRelativeObj(regionObj);
        //设置拓扑分析半径
        topParam. nearDis = "0. 05";
        //执行拓扑分析,成功执行后返回执行结果,onSuccess 为回调函数
        topParam. execute(AnalysisSuccess, AnalysisError);
}

//分析失败回调
function AnalysisError(e) {
```

```
        alert("拓扑分析失败!");
    }

    //分析成功后的回调
    function AnalysisSuccess(data) {
        alert(data);
    }
```

在页面中增加按钮,按钮的点击事件调用代码中的 topAnalysis()方法。然后点击按钮,触发执行拓扑分析,显示效果如图 10-2 所示。

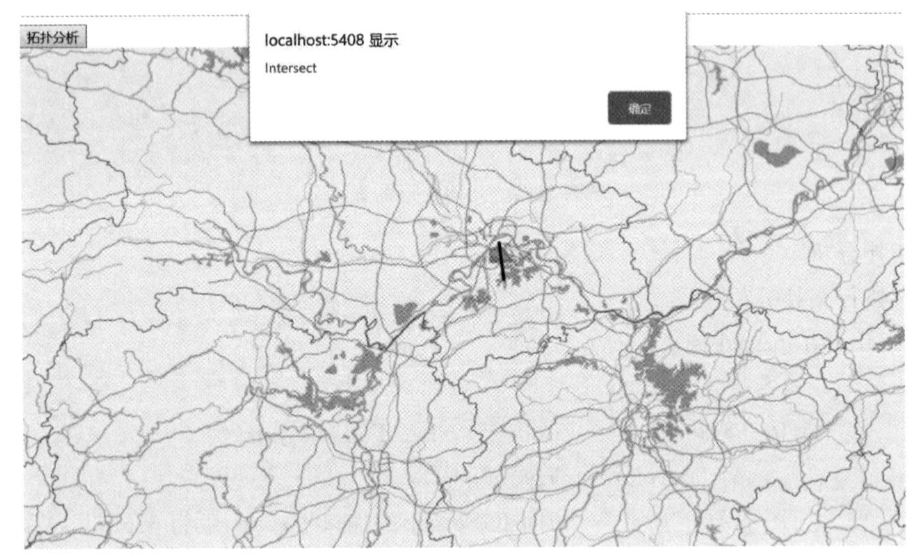

图 10-2　拓扑分析的实现

五、练习

(1)支持用户交互式输入两个多边形,然后调用服务接口进行拓扑分析。

(2)支持用户点击选择两个地图中的多边形要素,然后进行拓扑分析。

实验十一　网络分析

一、实验目的

(1)了解网络分析的类别和意义。

(2)掌握网络分析的一般过程和方法。

二、实验学时

2 个学时。

三、实验准备

(1)地图数据:使用 MapGIS sample 数据库的“道路交通网”数据。

(2)集成开发环境:Microsoft Visual Studio。

(3)开发语言:HTML、CSS、JavaScript。

四、实验内容

网络分析是 GIS 中一项非常重要的数据分析功能,是指依据网络拓扑关系(结点与弧段拓扑、弧段的连通性),通过考察网络元素的空间及其属性数据,以数学理论模型为基础,对网络的性能特征进行多方面研究的一种分析计算,主要应用有路径分析、定位与资源分配、最佳选址、地址匹配等方面。

MapGIS 中的网络模型主要在以下两个方面发挥作用:作为 GIS 平台网络分析功能的基础。这些网络分析功能包括路径分析、连通分析、流向分析、资源分配、定位分配、网络追踪等。作为城市基础设施(给水排水、能源供应、道路交通、邮电、园林绿化、防灾)的数据模型,为城市基础设施 GIS 应用软件提供支持。使用网络分析功能,可以完成以下应用:最佳的城市物流服务路线建立;根据中心容量和沿线及站点的需求将沿线或站点分配给中心;城市电力网络故障分析;环境监测过程中水污染源追踪或污染源的污染范围追踪;城市交通最佳路径选择。

本教材以城市交通最佳路径选择为例,进行实现过程的介绍。

1. 数据准备

这里，以司马云官网服务器上的数据为例，进行网络分析功能的演示。所使用的网络分析图层的 URL 地址为“gdbp://MapGisLocal/sample/ds/网络分析/ncls/道路交通网”；数据所在服务器的相关参数如下。

ip：“develop. smaryun. com”。

port：“6163”。

2. 代码实现

1)网络类数据加载显示

参照“实验二　空间数据可视化”的实验内容，实现加载“sample. HDF”数据库中的道路交通网显示。实现效果如图 11-1 所示。

图 11-1　底图显示

2)道路交通网的网络分析的实现

(1)点击“网络分析”按钮，根据已知坐标点，在道路交通网的基础上生成网标点，实现如下。

```
function pathAnalysis() {
    netFlag = new Array();
    var dotVal = "114.44,38.06,114.56,38.03";
    netAnalyParam = new Zondy.Service.NetAnalysisExtent({
        ip: "develop.smaryun.com",
        port: "6163",
```

```
            netClsUrl: "gdbp://MapGisLocal/sample/ds/网络分析/ncls/道路交通网",
            //返回格式
            outFormat: "JSON"
        });
        //网络类型:1/2:节点网标/线网标
        netAnalyParam.elementType = 2;
        //设置网标搜索半径
        netAnalyParam.nearDis = 0.01;
        netAnalyParam.addNetFlag(dotVal, addFlagSuccess);
    }

    function addFlagSuccess(data) {
        for (var i = 0; i < data.value.length; i++) {
            var netFlagTmp =
            {
                elemID: data.value[i].elemID,
                isFlag: true,
                posDot: data.value[i].posDot,
                posPerc: data.value[i].posPerc,
                type: data.value[i].type
            };
            netFlag.push(netFlagTmp);
        }
        //执行路径分析
        initNetAnalysis();
    }
```

根据生成的网标点，创建网络分析对象，创建完成执行 netAnalyse 方法进行网络分析，将分析的结果展示在指定位置。网络分析的过程实现如下。

```
    function initNetAnalysis() {
        clearA();
        var netAnalyse = new Zondy.Object.NetAnalyse({
            //设置网络类 URL
            netCls: "gdbp://MapGisLocal/sample/ds/网络分析/ncls/道路交通网",
            //指定感兴趣路径点坐标序列
```

```
            flagPosStr: netFlag,
            //设置障碍点的坐标序列
            barrierPosStr: [],
            //设置网络类某些属性字段为权值字段
            weight: ",,"
            //分析类型:用户自定义
            mode: "UserMode",
            //生成报告时道路名称字段
            roadName: "POPNAME"
        });
        netAnalyParam.netAnalyse(netAnalyse, AnalysisSuccess);
}

//分析成功后的回调函数
function AnalysisSuccess(data) {
        if (data == null) {
            alert("分析失败！请检查参数!");
            return;
        }
        var points = new Array();
        for (var t = 0; t < data.dotsss.length; t++) {
            for (var i = 0; i < data.dotsss[t].length; i++) {
                for (var j = 0; j < data.dotsss[t][i].length; j++) {
                    points.push([data.dotsss[t][i][j].X, data.dotsss[t][i][j].Y]);
                }
            }
        }
        var resInfo = data.resInfo[0];
        //绘制路径
        $("#resultInfo").append(resInfo);
        $("#resultInfo").css("border", "1px solid #1ab394");
        drawPath(points);
}
```

将分析成功的路径通过几何要素的方式添加在地图上。地图上添加要素内容如下。

```
function drawPath(pathArr) {
    var pointArr = [];
    //循环创建一个存放坐标的数组
    for (var i = 0; i < pathArr.length; i++) {
        pointArr[i] = pathArr[i];
    }
    var features = new ol.Feature({
        geometry: new ol.geom.LineString(pointArr)
    });

    var source = new ol.source.Vector({
        features: [features],
        warpX: false
    });

    var vectors = new ol.layer.Vector({
        source: source,
        style: new ol.style.Style({
            fill: new ol.style.Fill({
                color: "rgba(227,151,30,0.5)"
            }),
            stroke: new ol.style.Stroke({
                width: 4,
                color: "rgba(227,151,30,0.8)"
            }),
            image: new ol.style.Circle({
                radius: 7,
                fill: new ol.style.Fill({
                    color: "rgba(227,151,30,0.5)"
                })
            })
        })
    });

    map.addLayer(vectors);
}
```

网络分析的几何路径与文本信息展示在页面上，效果如图 11-2 所示。

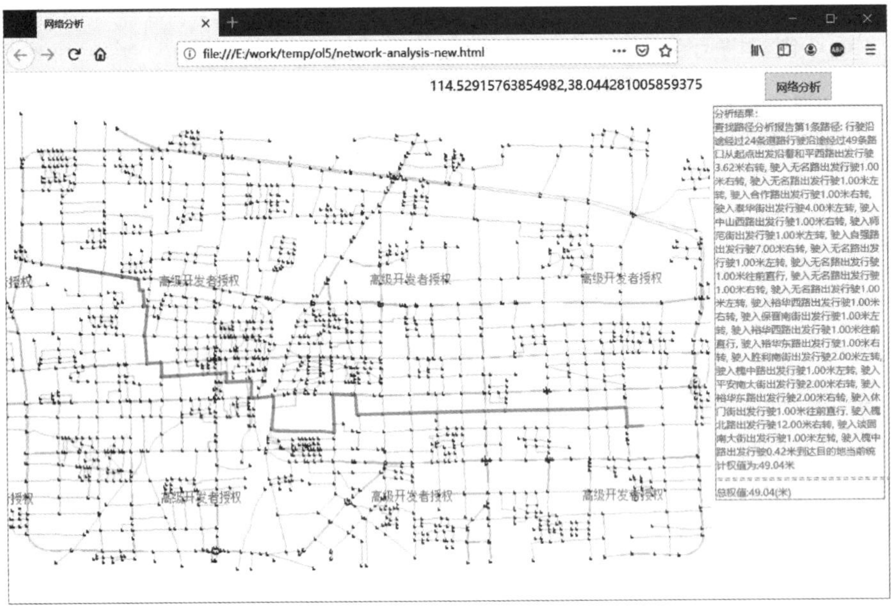

图 11-2　道路交通网的网络分析的实现

五、练习

(1)添加障碍点交互式设置功能，进行网络分析。

(2)使用不在道路上的起点和终点进行网络分析，将起点和终点与道路之间用线段连接起来。

主要参考文献

郭明强，黄颖，2019. WebGIS之OpenLayers全面解析[M]. 2版. 北京：电子工业出版社.

郭明强，黄颖，2021. WebGIS之Leaflet全面解析[M]. 北京：电子工业出版社.

郭明强，黄颖，李婷婷，等，2021. WebGIS之Element前端组件开发[M]. 北京：电子工业出版社.

郭明强，黄颖，刘郑. 2019. 空间信息高性能计算[M]. 武汉：中国地质大学出版社.

郭明强，黄颖，潘雄，等，2022. 地理空间信息系统设计与开发[M]. 武汉：中国地质大学出版社.

郭明强，黄颖，吴亮，等，2022. 移动GIS应用开发实践[M]. 北京：电子工业出版社.

郭明强，黄颖，杨亚仑，等，2021. WebGIS之ECharts大数据图形可视化[M]. 北京：电子工业出版社.

郭明强，黄颖. 2019. 移动互联网地图实践教程[M]. 武汉：中国地质大学出版社.

吴信才，2015. 地理信息系统设计与实现[M]. 3版. 北京：电子工业出版社.

吴信才，吴亮，万波，2019. 地理信息系统原理与方法[M]. 4版. 北京：电子工业出版社.

吴信才，吴亮，万波，等，2020. 地理信息系统应用与实践[M]. 北京：电子工业出版社.

吴信才，谢忠，周顺平，等，2016. 全国GIS应用水平考试重要知识点复习一本通[M]. 武汉：武汉大学出版社.

附录　网络地理信息服务开发快速入门

1　验证开发环境

1.1　登录 MapGIS Server Manager

安装完 MapGIS 10 x64 All In One SDK for Windows 安装包和授权文件后，登录http://localhost:9999/，输入用户名(admin)和密码(sa. mapgis)(图 1)，确认登录即可进入 MapGIS IGServer 服务管理页面(图 2)。

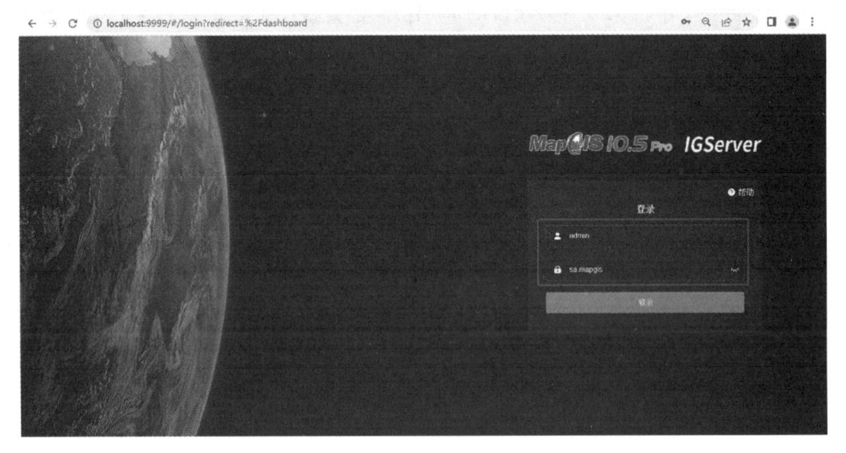

图 1　MapGIS Server Manager 登录界面

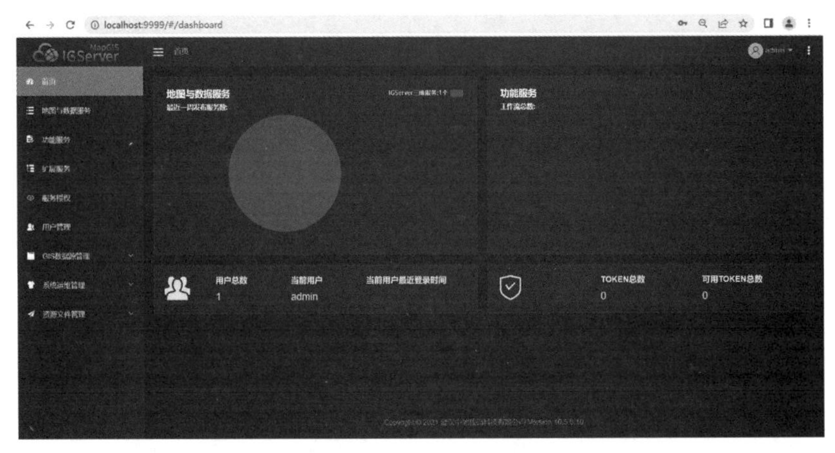

图 2　MapGIS IGServer 服务管理界面

注：如能成功打开以上界面，证明 MapGIS WebGIS 开发环境已配置成功。如不能成功打开以上界面，请检查服务管理器中，MapGIS IGServer 服务是否成功开启。

1.2　MapGIS IGServer 服务检查

打开服务管理器界面（通过快捷键组合键 Win+R 打开运行功能→输入“services. msc”，点击“确定”），确认 MapGIS　IGServer 服务正常运行（图 3）。

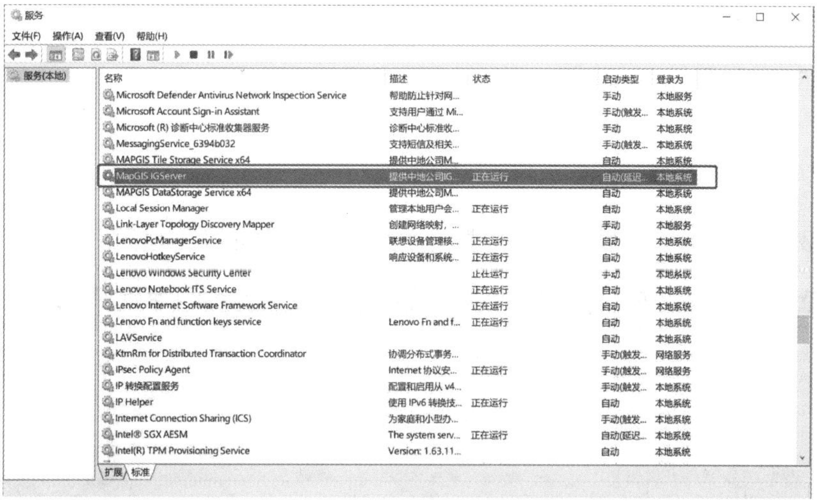

图 3　MapGIS IGServer 服务启动状态

如 MapGIS IGServer 服务未正常启动，用鼠标右键单击服务名，选择重启（图 4）。

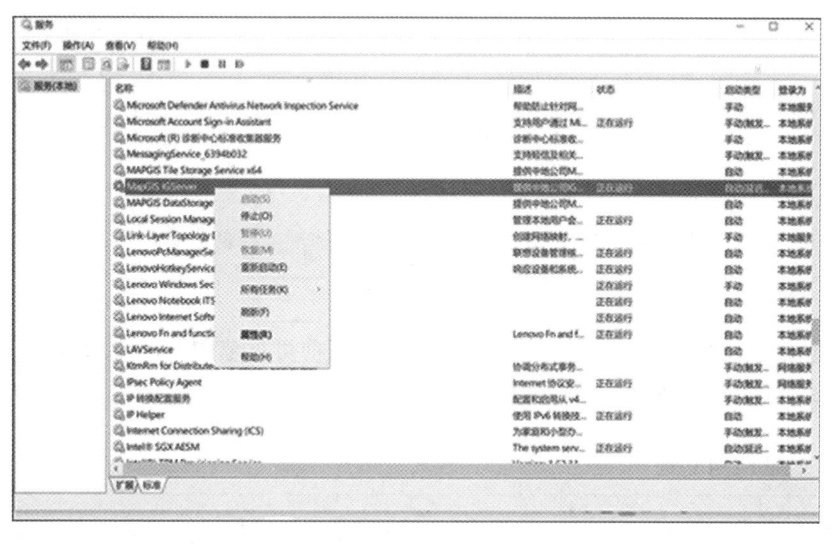

图 4　重新启动 MapGIS IGServer 服务

2　地图数据制备与服务发布

在做 WebGIS 开发之前，要做的第二件事情就是数据准备，我们需要借助 MapGIS Desktop 软件进行数据预处理和数据制作，然后将数据保存为地图文档(mapx 格式文件)，再通过 IGServer 发布。通过 MapGIS IGServer 获取数据服务地址，即可将地图服务应用到 Web 端开发，实现数据加载与显示。

2.1　二维矢量地图文档

1. 创建二维地图文档

(1)加载数据，用鼠标左键选中示例数据库图层，按住并拖动至地图中央(图 5)。

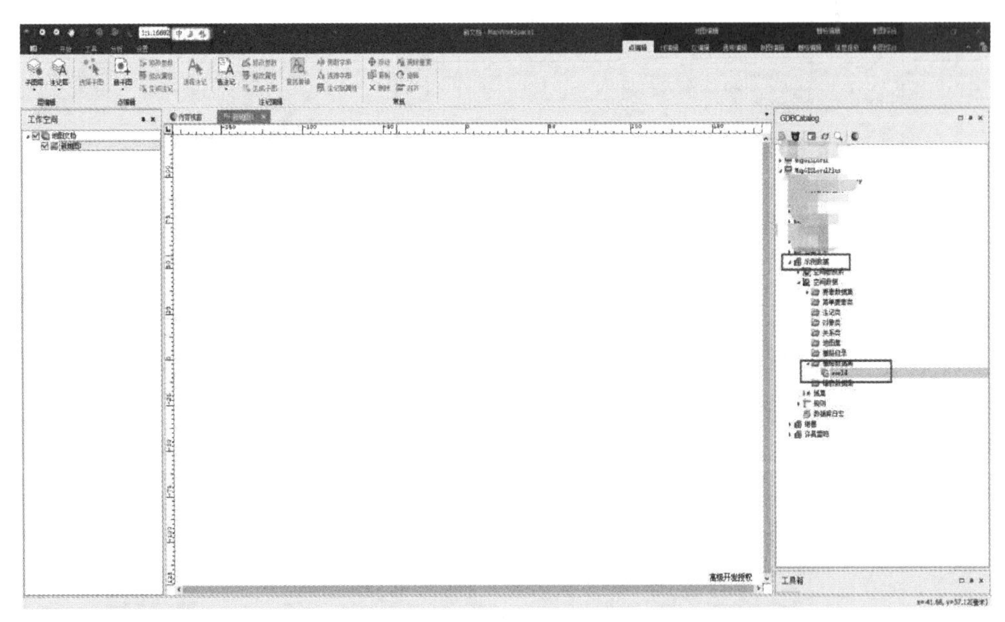

图 5　加载数据

(2)数据显示，用鼠标右键选择图层，点击“设为当前可见范围”(图 6、图 7)。

(3)保存地图文档，命名为“World”(图 8)。

2. 发布二维地图文档

(1) 打开浏览器，输入网址“http://localhost:9999/”，输入用户名“admin”、密码“sa. mapgis”。进入 MapGIS Server Manager 的管理界面(图 9)。

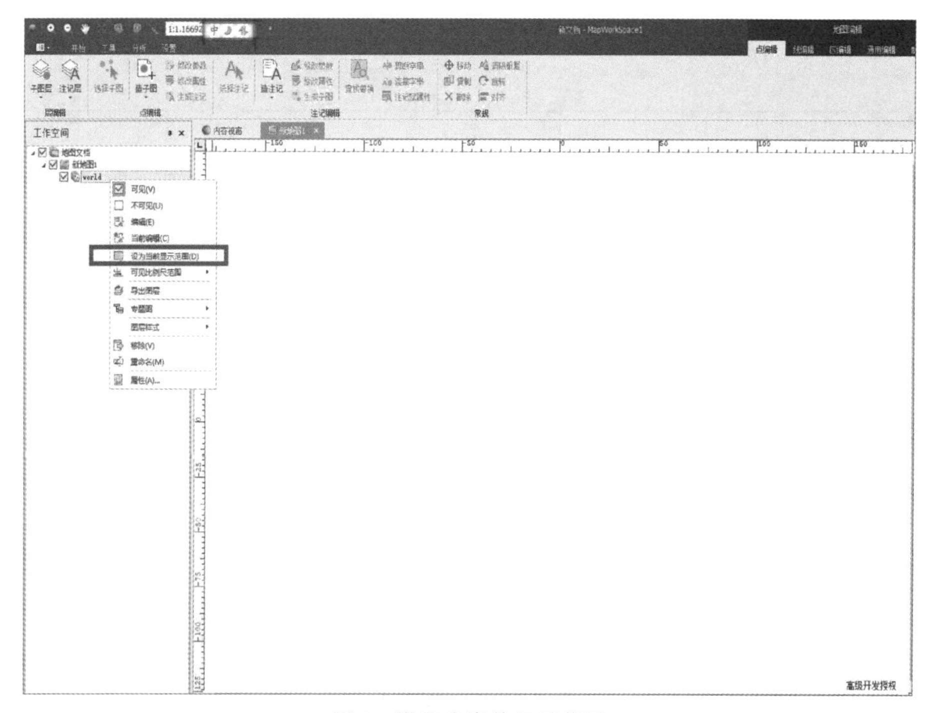

图 6　设置为当前显示范围

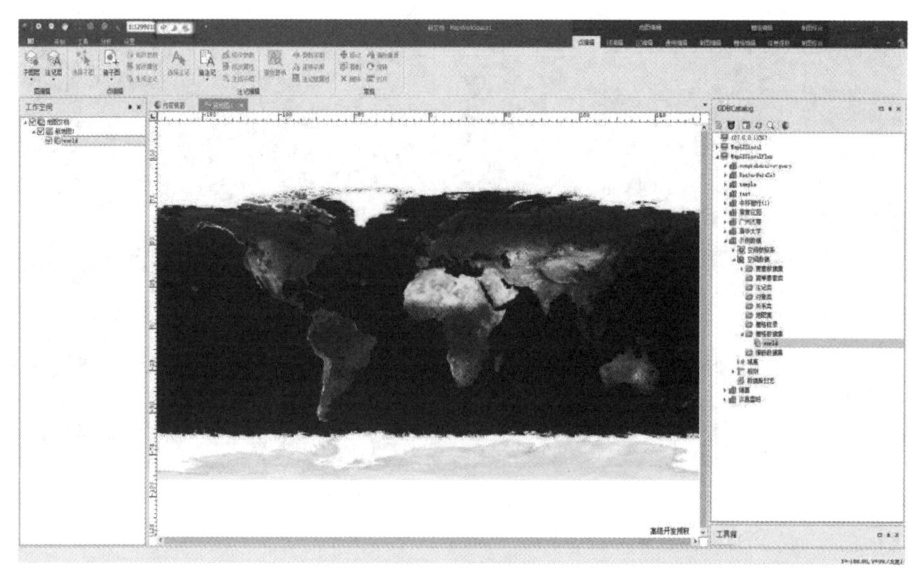

图 7　数据显示

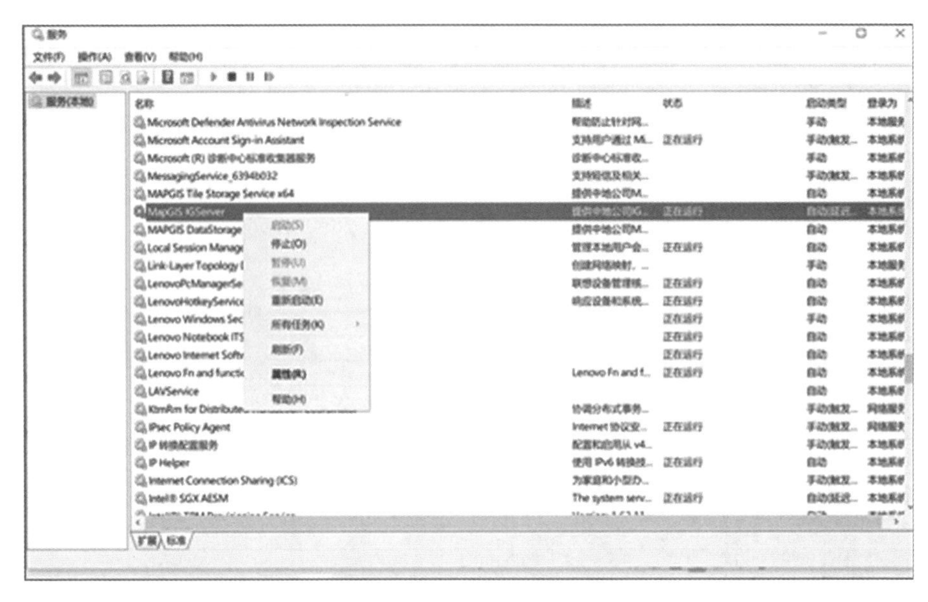

图 8　保存为地图文档

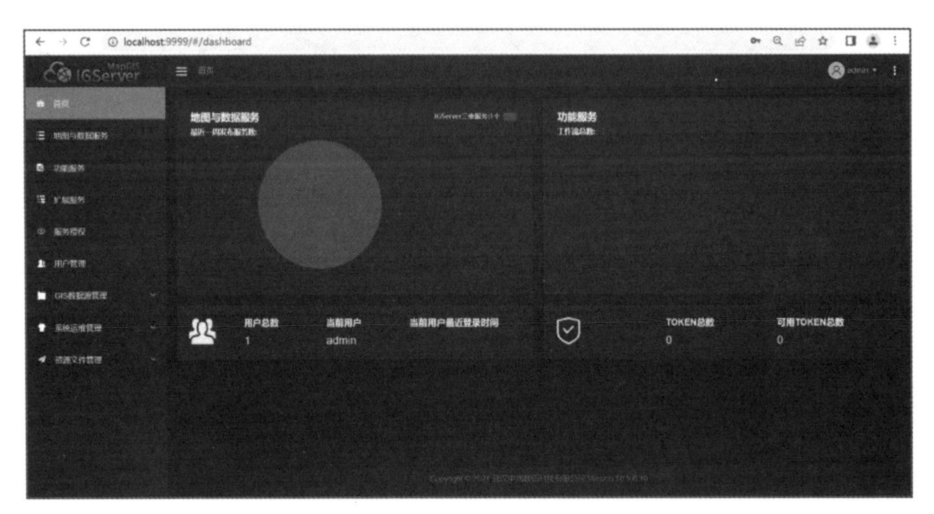

图 9　登录 MapGIS Server

(2)发布二维地图文档,选择“地图与数据服务”→“发布服务”→“发布二维地图文档”(图 10)。

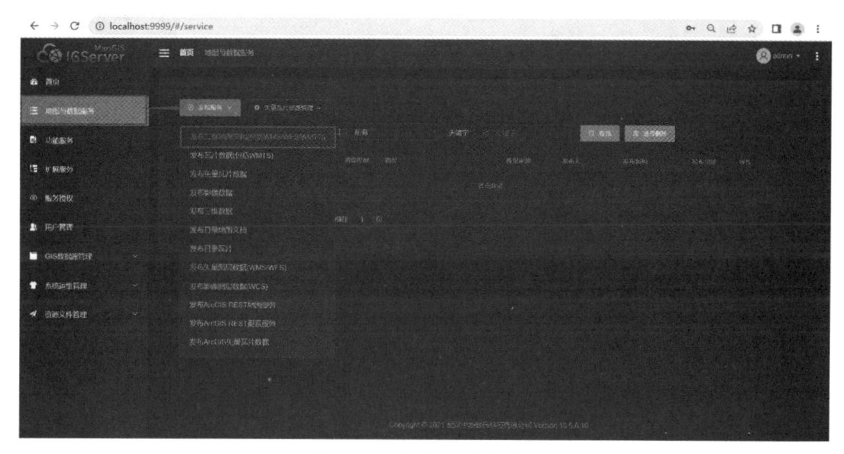

图 10　发布二维服务

(3)选择发布的地图文档数据(图 11)。

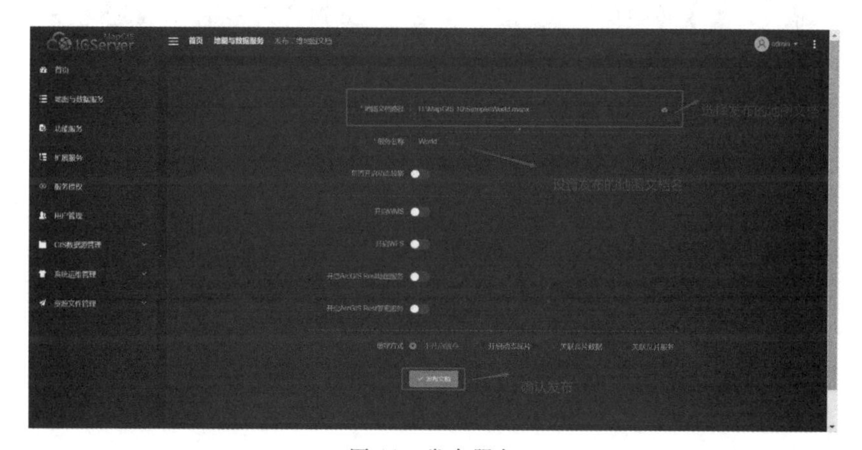

图 11　发布服务

注:图 11 中的服务名称会在后续开发过程中使用到。

(4)点击“预览”查看数据(图 12、图 13)。

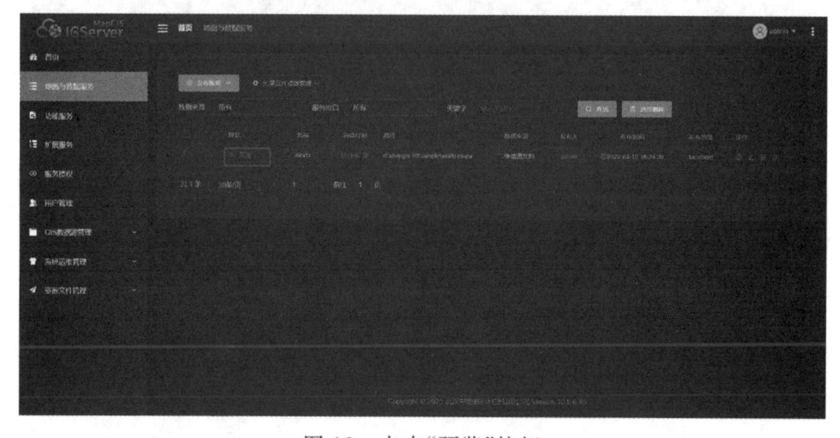

图 12　点击“预览”按钮

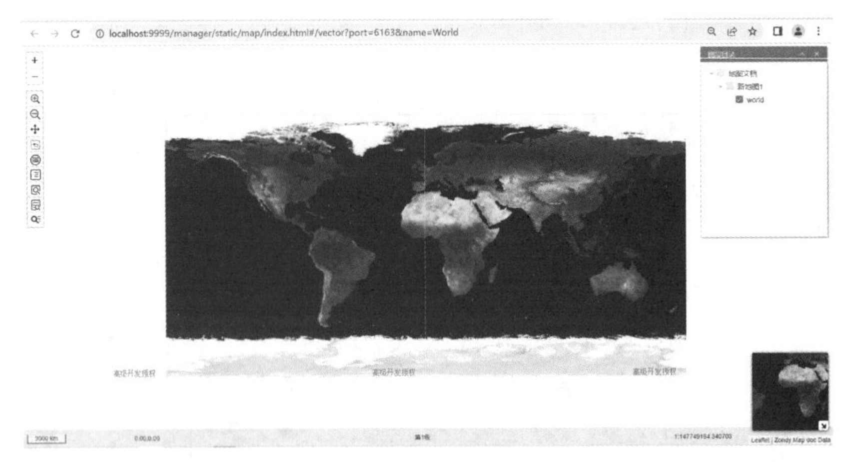

图 13　查看数据

(5)点击“详情”,查看数据详情(图 14、图 15)。

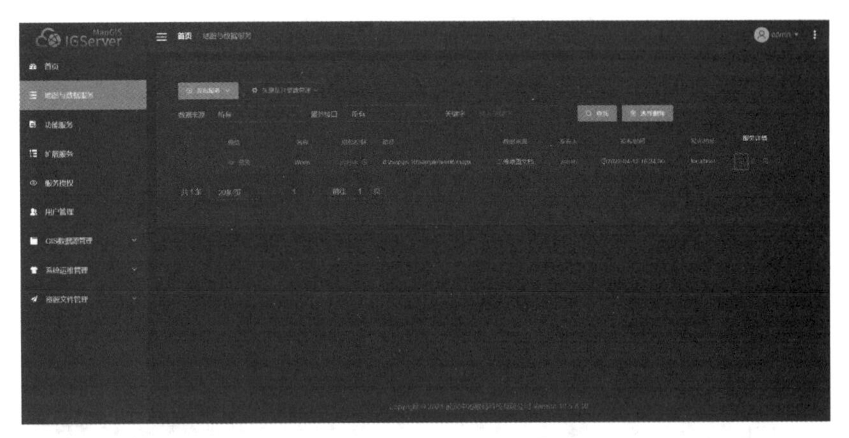

图 14　点击“详情”按钮

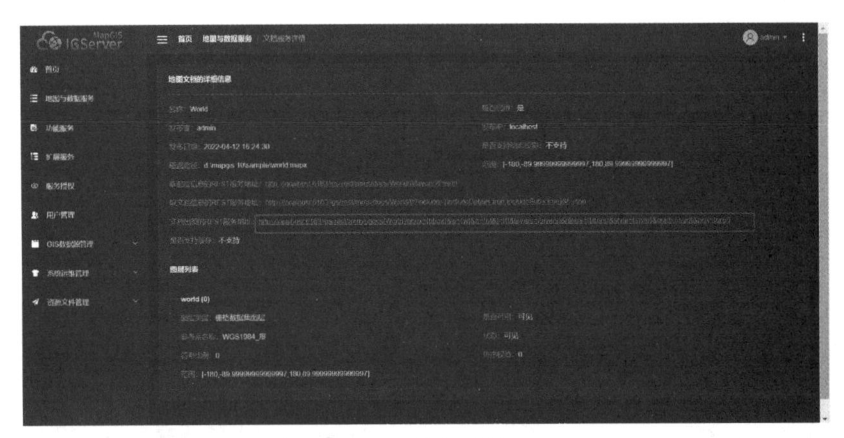

图 15　数据详情

2.2　二维地图瓦片

1. 瓦片裁剪

(1)加载数据,用鼠标左键选中示例数据库图层,按住并拖动至地图中央(图 16)。

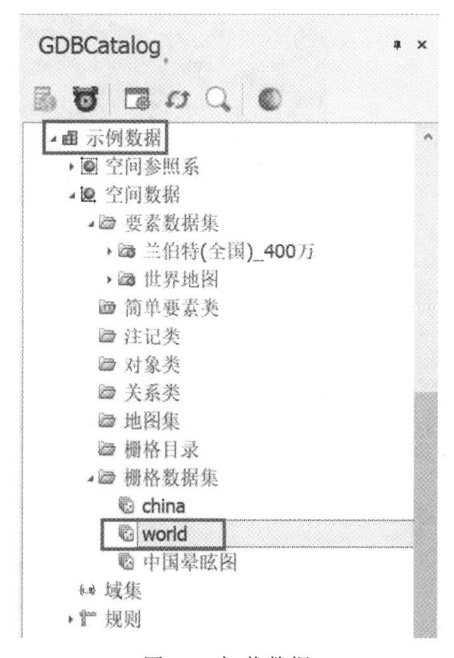

图 16　加载数据

(2)数据显示,用鼠标右键选择图层,点击“设为当前可见范围”(图 17、图 18)。

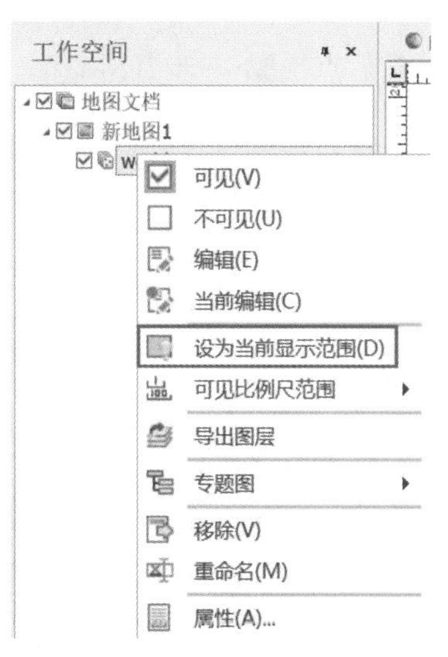

图 17　设为当前显示范围

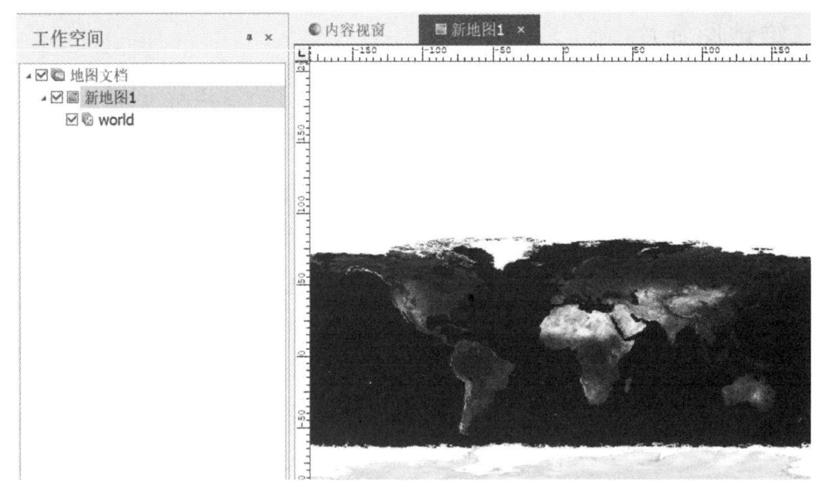

图 18　数据显示

(3)瓦片裁剪,选择上方工具栏“工具”→“瓦片裁剪”(图 19)。

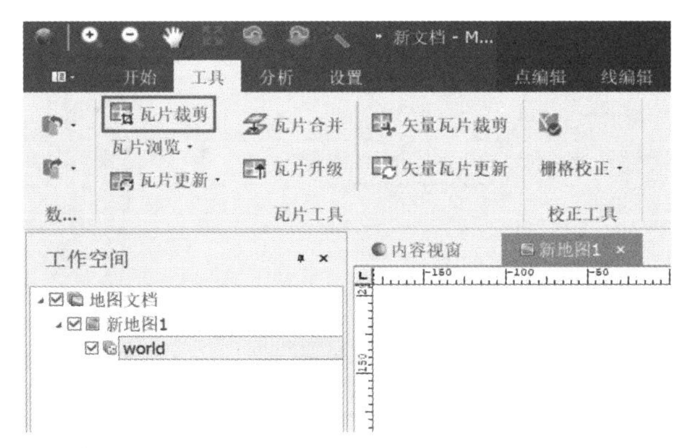

图 19　瓦片裁剪工具

(4)修改裁图策略为经纬度,然后点击“下一步”(图 20)。

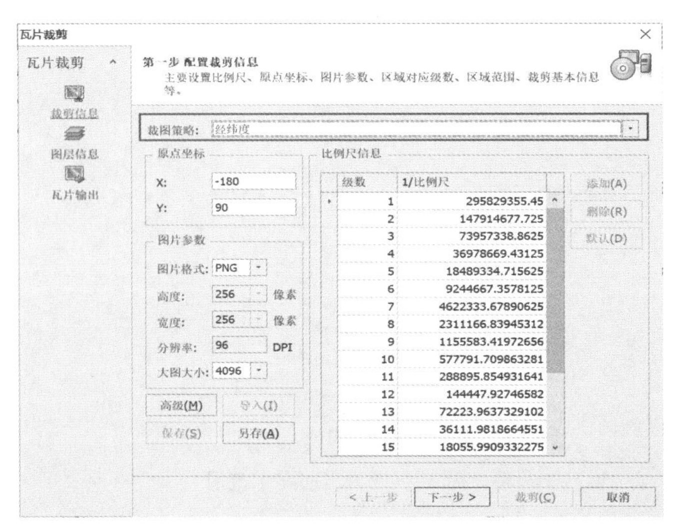

图 20　修改裁图策略

(5)设置地图左上角为原点坐标(图 21)。

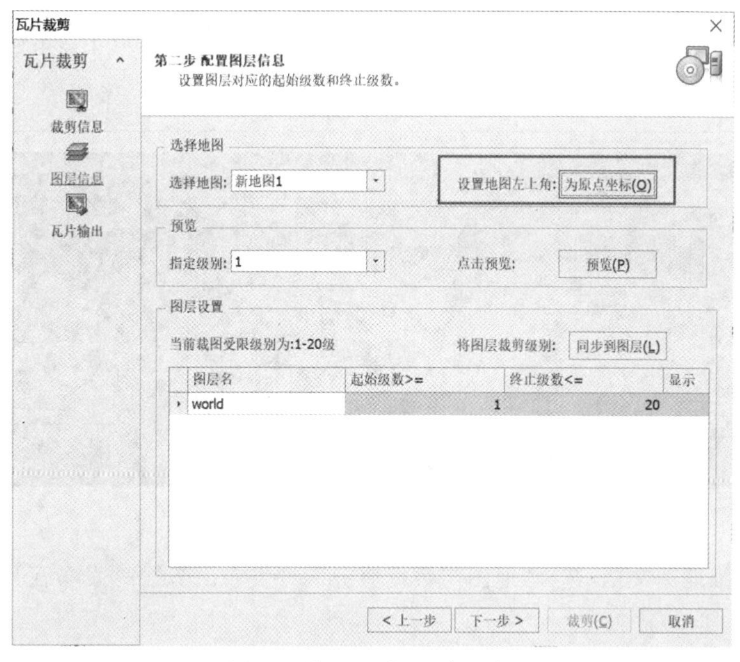

图 21　设置地图左上角坐标

(6)设置地图瓦片保存路径和裁图等级(等级越高瓦片精度越高),然后点击“裁剪”(图 22)。

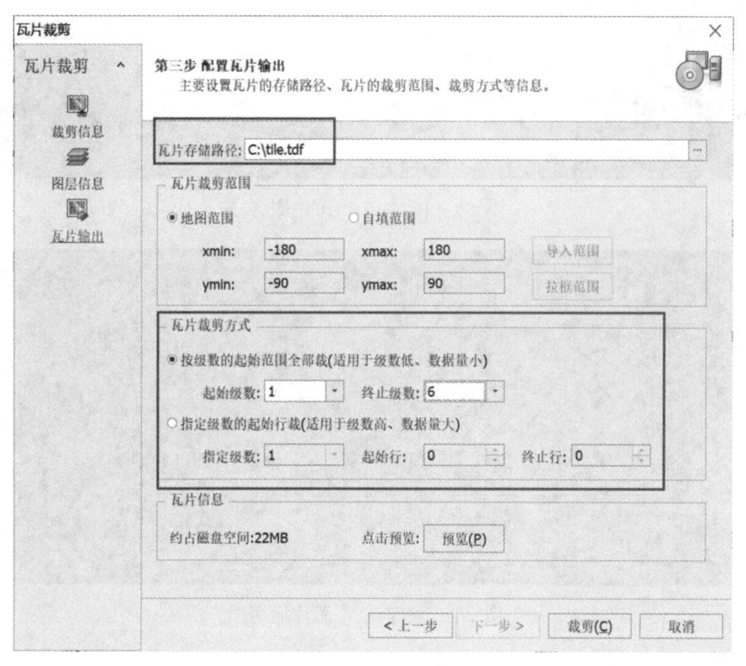

图 22　设置参数

2. 发布瓦片数据服务

(1)打开浏览器,输入“http://localhost:9999/”,输入用户名“admin”、密码“sa. mapgis”。进入 MapGIS Server Manager 的管理界面(图 23)。

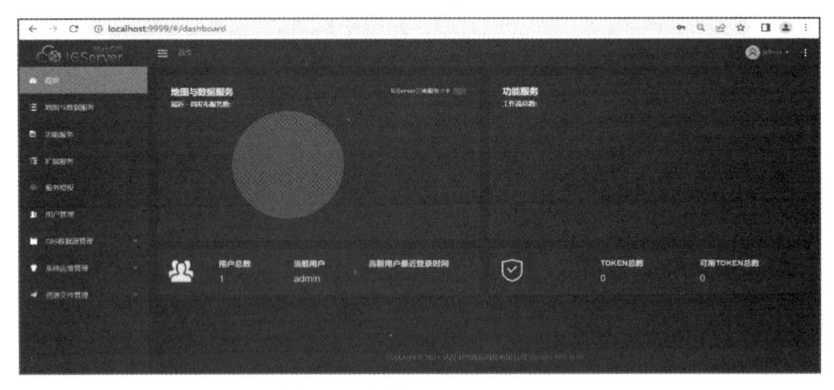

图 23　登录 MapGIS Server

(2)发布二维地图文档,选择“地图与数据服务”→“发布服务”→“发布瓦片数据”(图 24、图 25)。

图 24　配置二维瓦片服务

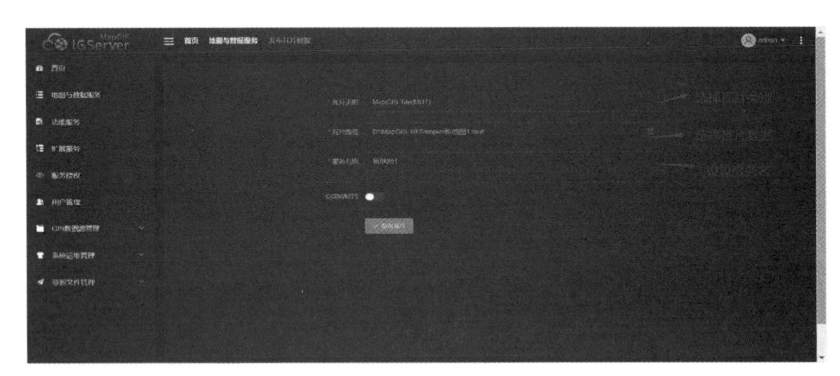

图 25　发布二维瓦片服务

注:图 25 中的服务名称会在后续开发过程中使用到。

(3)点击“预览”查看数据(图 26、图 27)。

图 26　点击“预览”按钮

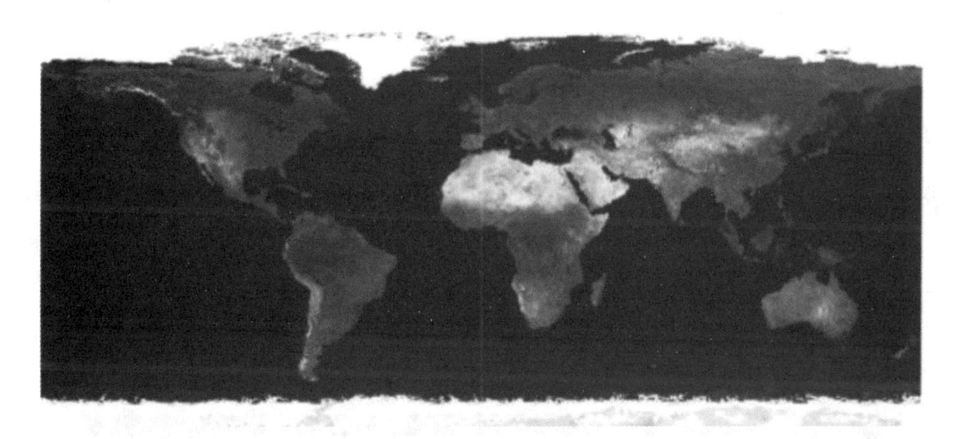

图 27　查看数据

(4)点击“服务详情”,查看数据详情(图 28、图 29)。

图 28　点击“服务详情”按钮

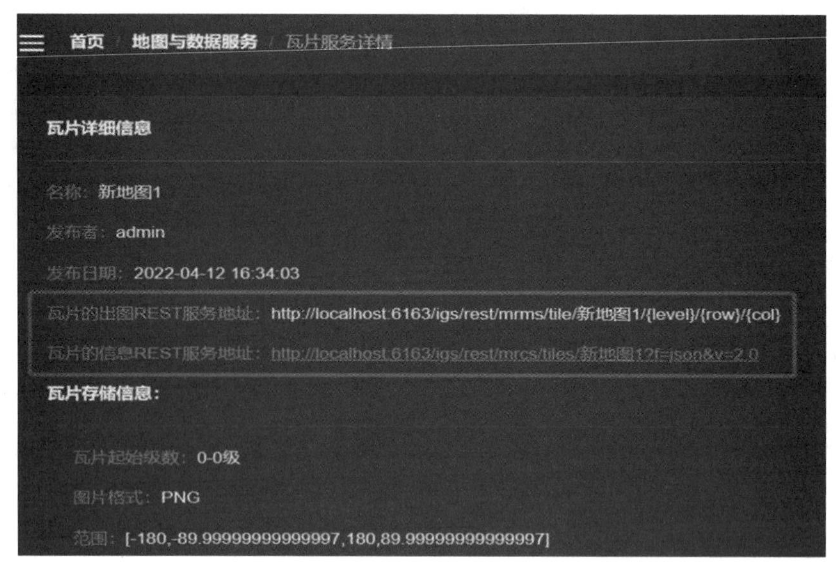

图 29　数据详情

2.3　三维地图文档

开发前，通过 MapGIS Desktop，配置三维地图文档(. mapx 格式)，本书以 MapGIS Desktop 自带的三维模型数据(景观_建筑模型)为例，说明配置三维模型地图文档操作步骤。

1. 导入外部模型

(1)用鼠标右键单击左侧空白区域，选择“新建”，选择“空场景”(图 30)。

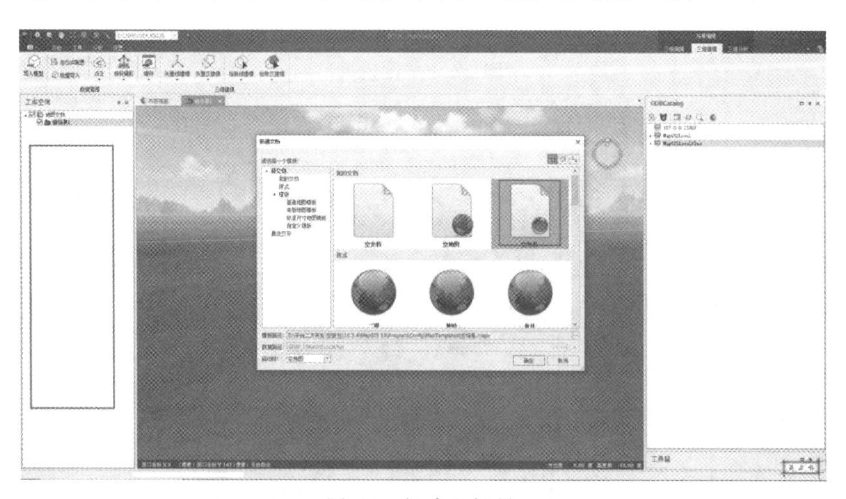

图 30　新建空场景

(2)点击右上方菜单栏切换到三维建模栏，然后点击左上角导入模型(图 31、图 32)。

(3)点击对话框左上角加号按钮，选择“obj 模型”，并且修改导入模型数据路径数据库。点击“导入”。支持导入. obj、. 3ds 模型(图 33)。

图 31　切换菜单栏

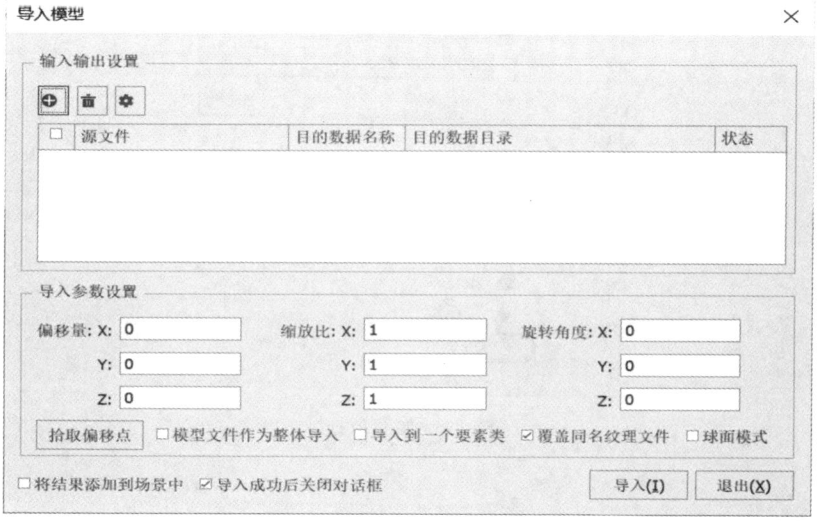

导入模型

输入输出设置

☐	源文件	目的数据名称	目的数据目录	状态

导入参数设置

偏移量: X: 0　　缩放比: X: 1　　旋转角度: X: 0

Y: 0　　Y: 1　　Y: 0

Z: 0　　Z: 1　　Z: 0

拾取偏移点　☐模型文件作为整体导入　☐导入到一个要素类　☑覆盖同名纹理文件　☐球面模式

☐将结果添加到场景中　☑导入成功后关闭对话框　导入(I)　退出(X)

图 32　导入模型对话框

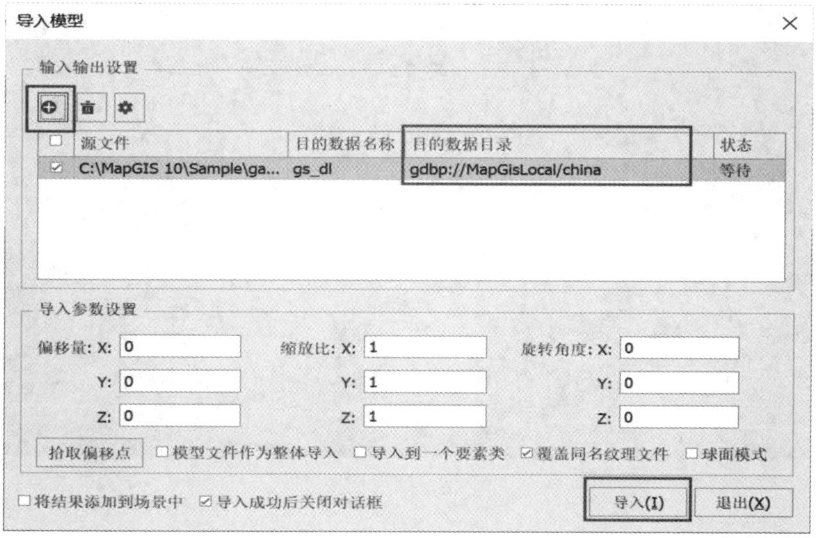

导入模型

输入输出设置

☐	源文件	目的数据名称	目的数据目录	状态
☑	C:\MapGIS 10\Sample\ga...	gs_dl	gdbp://MapGisLocal/china	等待

导入参数设置

偏移量: X: 0　　缩放比: X: 1　　旋转角度: X: 0

Y: 0　　Y: 1　　Y: 0

Z: 0　　Z: 1　　Z: 0

拾取偏移点　☐模型文件作为整体导入　☐导入到一个要素类　☑覆盖同名纹理文件　☐球面模式

☐将结果添加到场景中　☑导入成功后关闭对话框　导入(I)　退出(X)

图 33　设置参数并导入模型

(4)加载模型数据,用鼠标左键选中上一步导出模型数据,按住并拖动至地图中央(图 34、图 35)。

图 34 加载数据

图 35 模型显示

2. 生成 M3D 缓存

(1)打开 MapGIS Desktop,并新建空场景(图 36)。

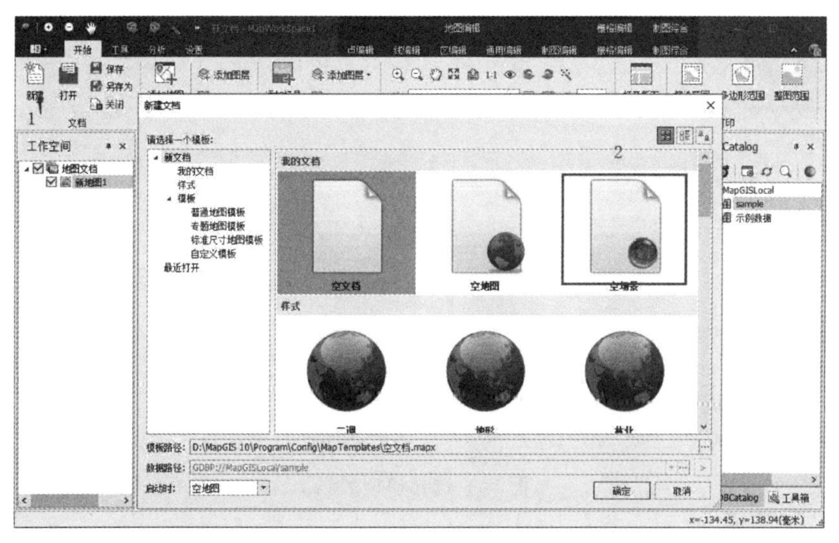

图 36　新建空场景

(2)在新场景中添加示例数据数据库中的景观_建筑模型,用鼠标右键点击“新场景 1”,选择“添加图层”→“添加模型层”,选择“MapGIS Local Plus”→“示例数据”→“三维示例”→“景观_建筑模型”(图 37～图 39)。

图 37　添加模型层

图 38 选择模型数据

图 39 显示模型

(3)将已添加的模型数据生成 M3D 缓存。用鼠标右键点击“景观_建筑模型”,选择“属性”(图 40)。

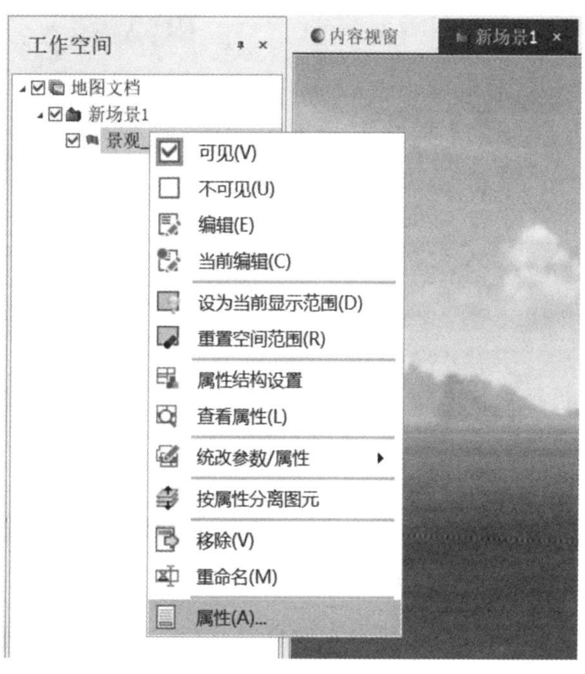

图 40　选择模型属性

(4)在属性页面,设置渲染方式为分块渲染,然后点击“应用”,关闭属性页面(图 41)。

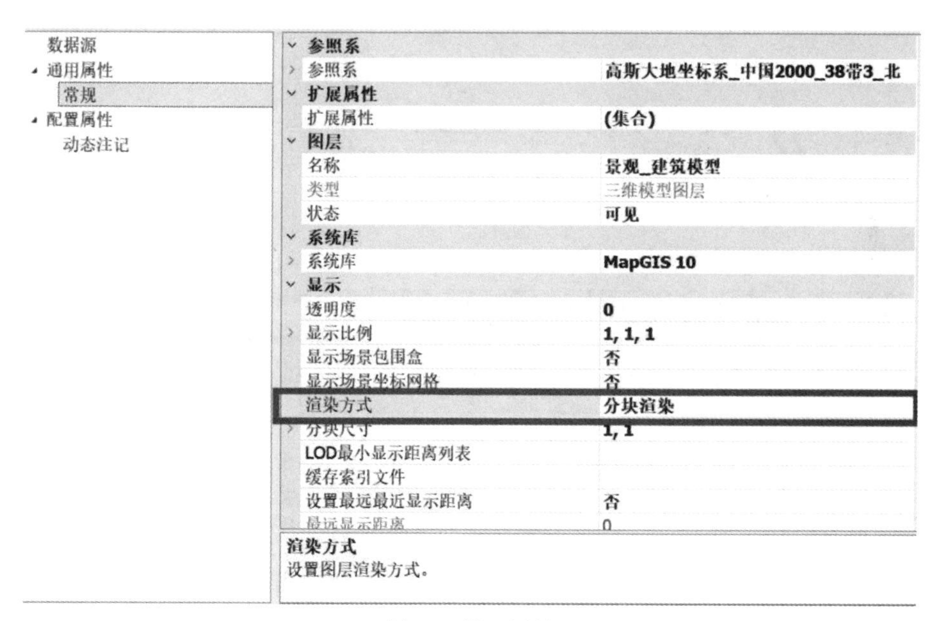

图 41　设置属性

(5)在新场景节点上,点击“生成缓存”→“模型图层生成 M3D 缓存”(图 42)。

图 42 生成 M3D 缓存

(6)配置 M3D 缓存参数,可设置缓存存储目录、LOD 级别等,详细参数说明请查看桌面软件帮助手册,此处以默认参数为例。点击“生成”,即开始生成 M3D 缓存(图 43)。

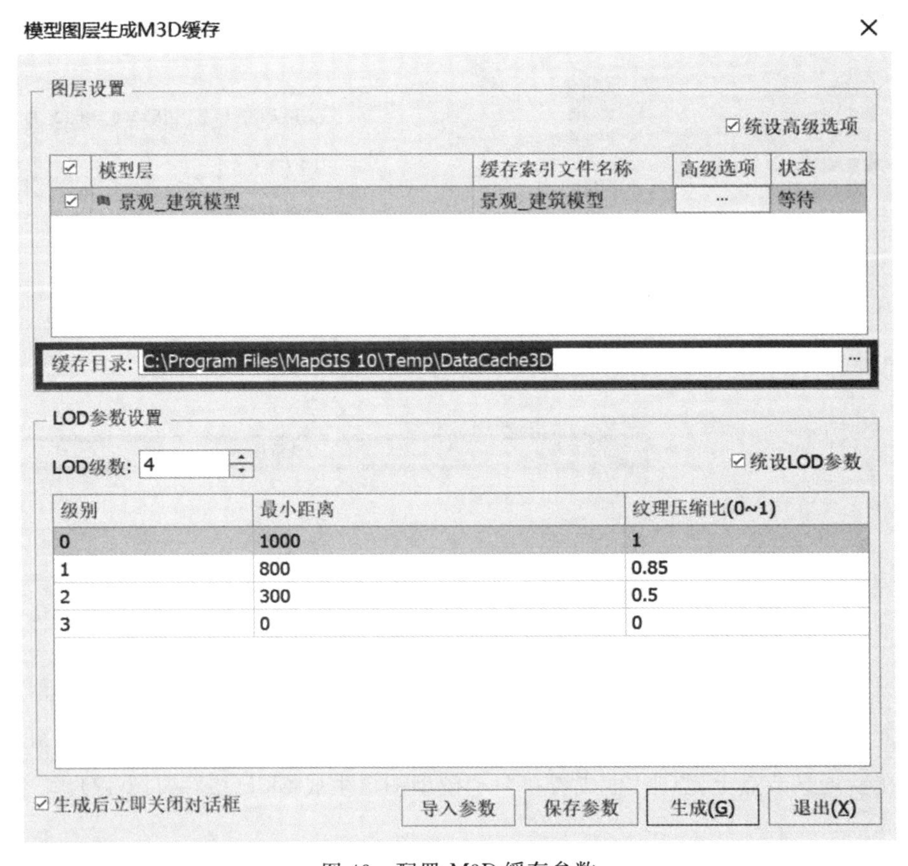

图 43 配置 M3D 缓存参数

(7)生成 M3D 缓存成功后，关闭“生成缓存”对话框，并移除场景中的景观_建筑模型图层(图 44)。

图 44　移除图层

(8)将生成的 M3D 缓存添加到三维场景中。用鼠标右键点击“新场景 1”，选择“添加模型缓存图层”(图 45)，选择生成的. mcj 文件(图 46、图 47)。

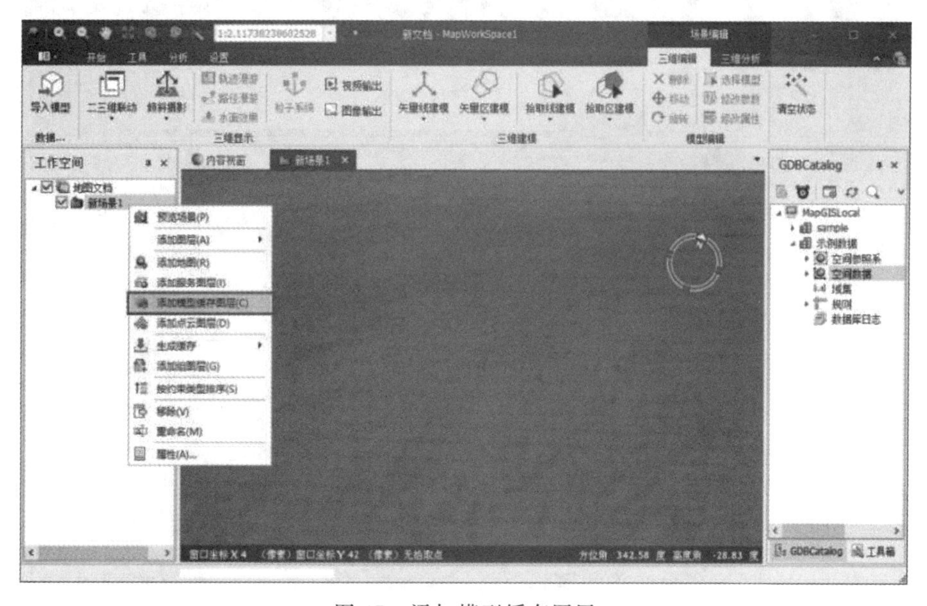

图 45　添加模型缓存图层

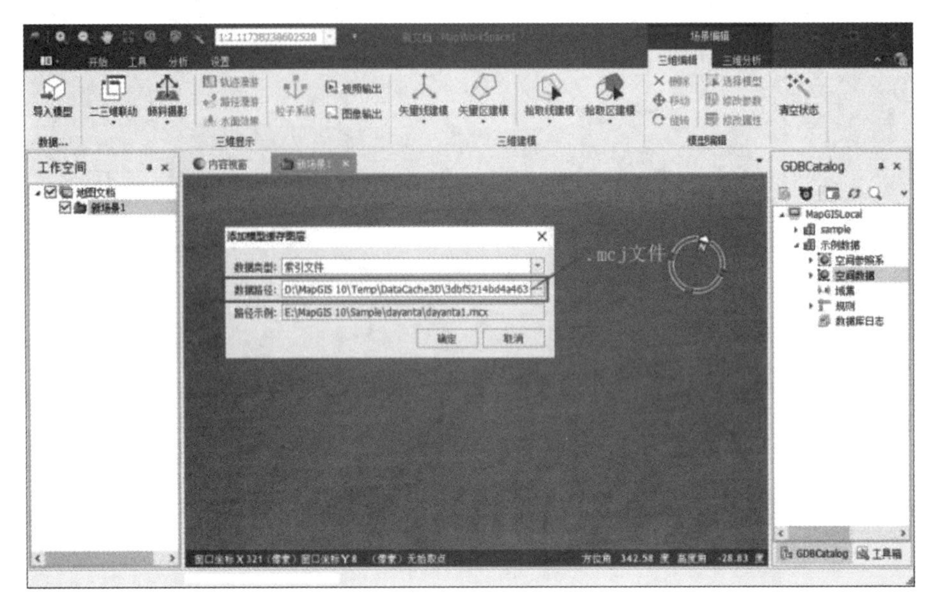

图 46　选择 M3D 缓存文件

图 47　M3D 缓存显示效果

(9)将添加了缓存的场景,保存为地图文档(.mapx)(图48)。

图48　保存地图文档

3.发布M3D地图文档

(1)打开浏览器,输入网址“http://localhost:9999/”,输入用户名“admin”、密码“sa.mapgis”。进入MapGIS Server Manager的管理界面(图49)。

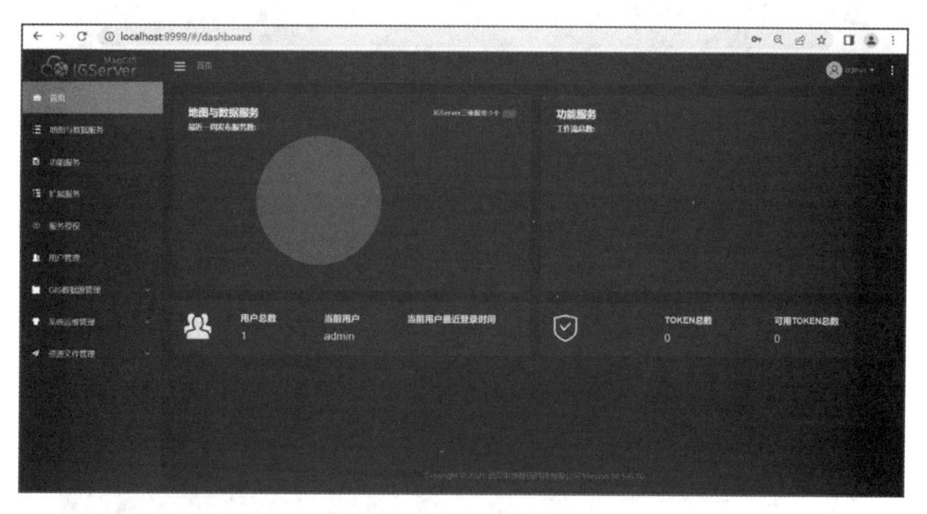

图49　登录MapGIS Server

(2)发布三维地图文档,选择“地图与数据服务”→“发布服务”→“发布三维数据”(图50)。

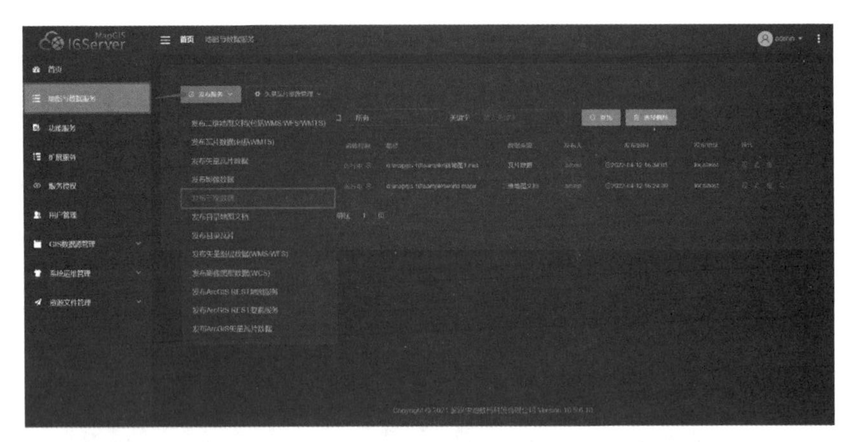

图 50　发布三维服务

(3)配置三维地图文档信息(图 51)。

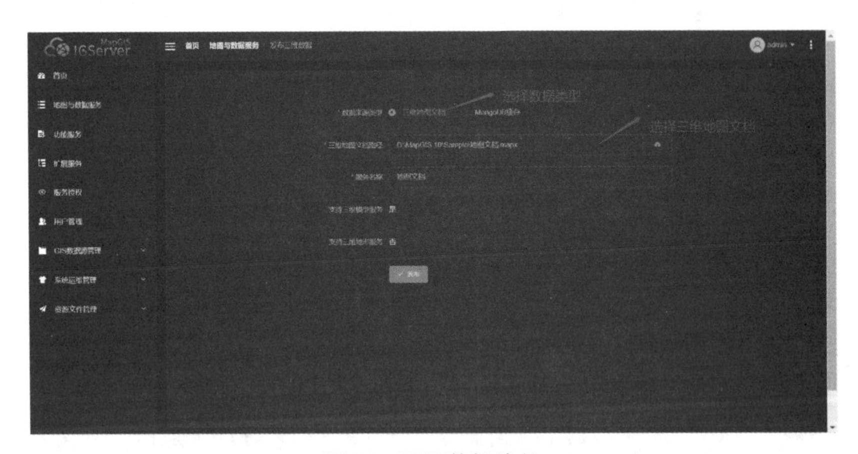

图 51　配置数据路径

(4)点击“预览”,查看数据(图 52、图 53)。

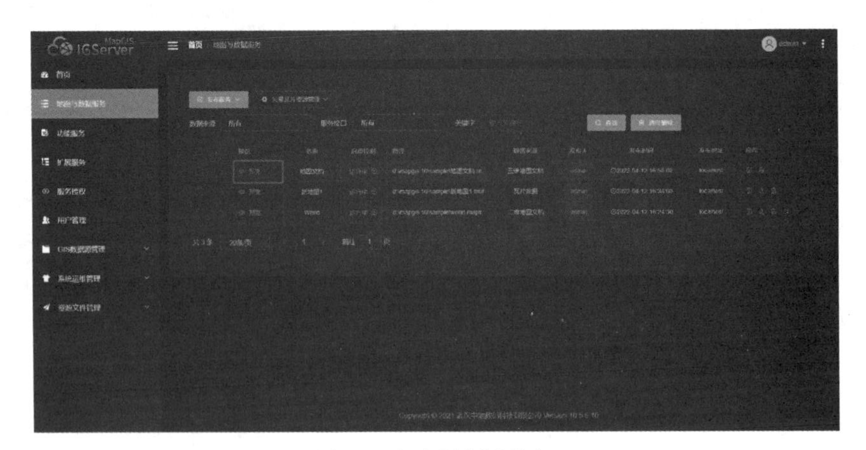

图 52　点击“预览”按钮

图 53　查看数据

(5)点击“详情”，查看数据详情(图 54、图 55)。

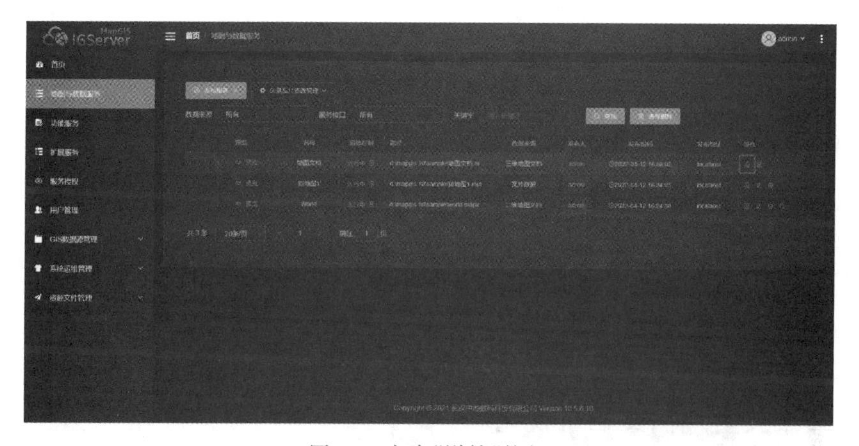

图 54　点击“详情”按钮

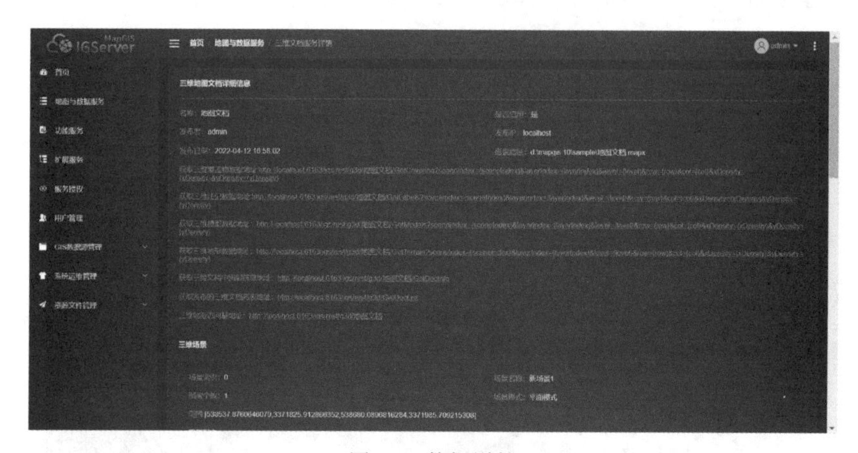

图 55　数据详情

3　WebGIS 地图功能开发

3.1　获取 Web 端开发 SDK

在进行功能开发之前我们需要先获取 Web 端开发 SDK，SDK 下载地址为 http://www.smaryun.com/dev/download_detail.html#/download828，建议下载图 56 中的 mapgis-client-for-javascript-dist 版本，此版本仅包含开发 SDK，mapgis-client-for-javascript-all 版本除了开发 SDK，还包含了示例站点。

图 56　下载开发 SDK

3.2　二维矢量地图文档可视化

(1)开发环境搭建，本书使用 VS Code 工具进行开发，使用的插件为 Live Server(图 57)。

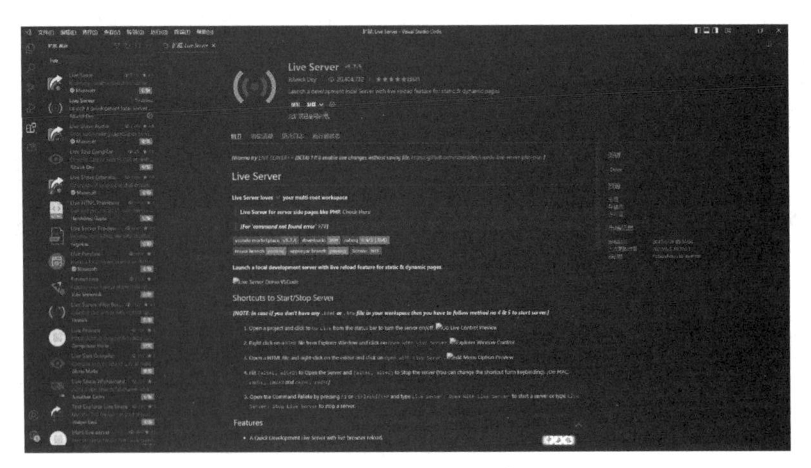

图 57　Live Server 插件

(2)新建文件夹,并在文件夹中新建 index. html 文件,将下载好的开发 SDK 解压后放置在文件夹中(图 58)。

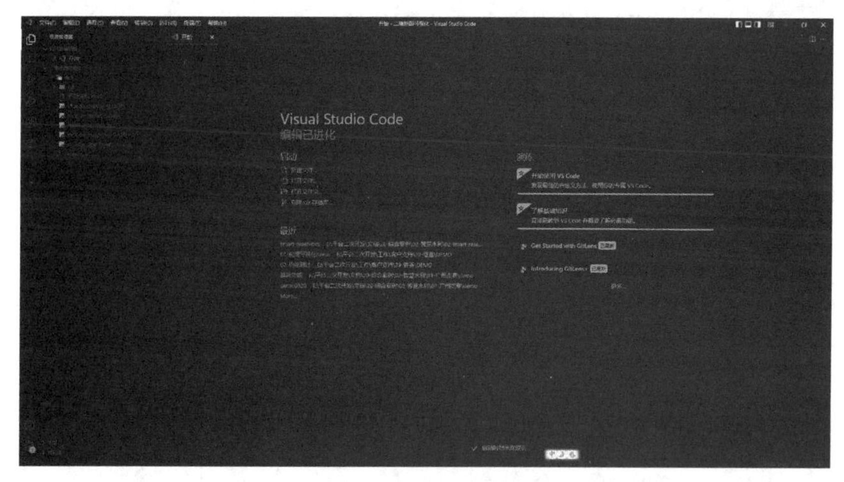

图 58　创建文件

(3)设置示例标题,在该页面引入 OpenLayers5 开发的必要脚本库“include-openlayers-local. js”,此脚本库会动态引入核心库“webclient-openlayers-plugin. min. js”与相关第三方库、样式文件等(图 59)。

图 59　引入开发 SDK

(4)创建一个 ID 为“mapCon”的 div 层,并设置其样式,用来作为显示矢量地图文档的地图容器(图 60)。

(5)在该页面中编写 JavaScript 代码(图 61),初始化 ol. Map、Zondy. Map. MapDocTileLayer 类,通过 Map 对象的设置初始化地图的中心点、显示级别,再通过 Map 对象的 addLayer方法加载矢量地图文档。

```
<!DOCTYPE html>
<html lang="en">
  <head>
    <meta charset="UTF-8" />
    <meta http-equiv="X-UA-Compatible" content="IE=edge" />
    <meta name="viewport" content="width=device-width, initial-scale=1.0" />
    <script src="./dist/include-openlayers-local.js"></script>
    <title>二维地图可视化</title>
  </head>
  <body>
    <div id="mapCon"></div>
  </body>
</html>
```

图 60　创建地图容器 div

```
<!DOCTYPE html>
<html lang="en">
  <head>
    <meta charset="UTF-8" />
    <meta http-equiv="X-UA-Compatible" content="IE=edge" />
    <meta name="viewport" content="width=device-width, initial-scale=1.0" />
    <script src="./dist/include-openlayers-local.js"></script>
    <title>二维地图文档数据可视化</title>
  </head>
  <body>
    <div id="mapCon"></div>
    <script>
      var map = new ol.Map({
        target: 'mapCon',
        view: new ol.View({
          center: [0, 0],
          zoom: 2,
          projection: 'EPSG:4326',
        }),
      })
      var mapDocLayer = new Zondy.Map.MapDocTileLayer('', 'World', {
        ip: '192.168.53.113',
        port: '6163',
      })
      map.addLayer(mapDocLayer)
    </script>
  </body>
</html>
```

图 61　编写 JavaScript 代码

(6)通过 Live Server 插件预览网页，在“index. html”文件页面空白处点击鼠标右键，点击“Open with Live Server”(图 62、图 63)。

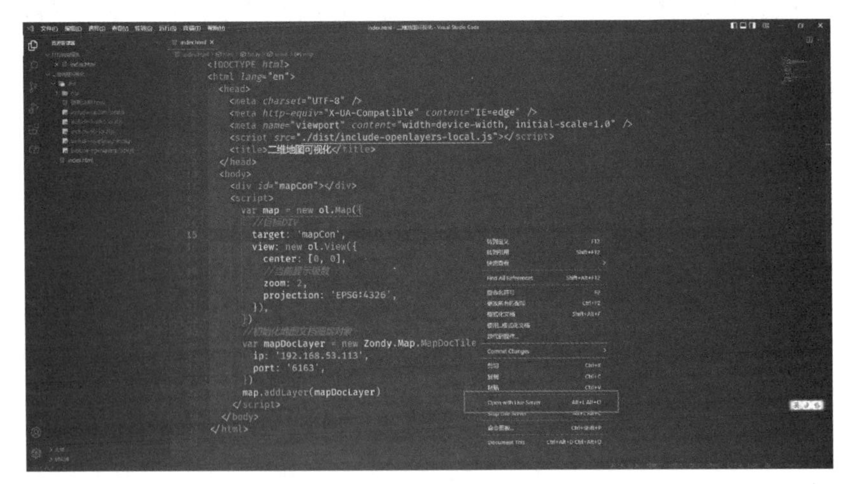

图 62　通过插件预览网页

图 63　二维数据可视化

3.3　二维地图瓦片可视化

(1)开发环境搭建,本书使用 VS Code 工具进行开发,使用的插件为 Live Server(图 64)。

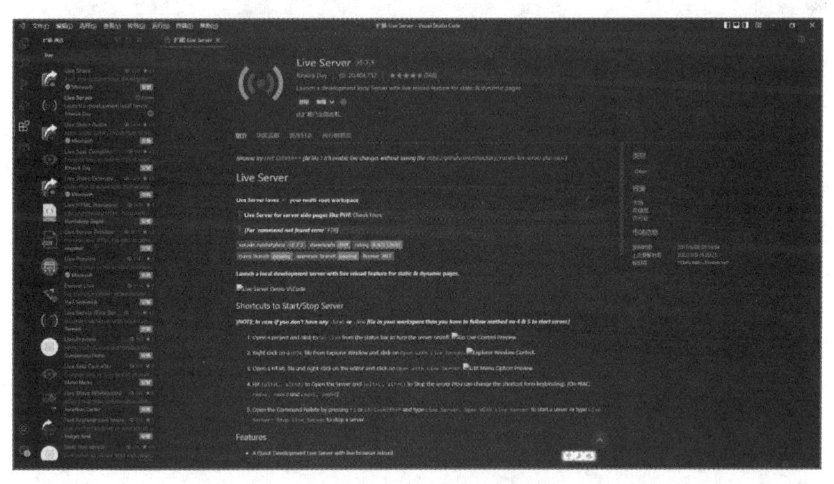

图 64　Live Server 插件

(2)新建文件夹,并在文件夹中新建 index. html 文件,将下载好的开发 SDK 解压后放置在文件夹中(图 65)。

(3)设置示例标题,在该页面引入 OpenLayers5 开发的必要脚本库 include-openlayers-local. js,此脚本库会动态引入核心库"webclient-openlayers-plugin. min. js"与相关第三方库、样式文件等(图 66)。

(4)创建一个 ID 为"mapCon"的 div 层,并设置其样式,用来作为显示矢量地图文档的地图容器(图 67)。

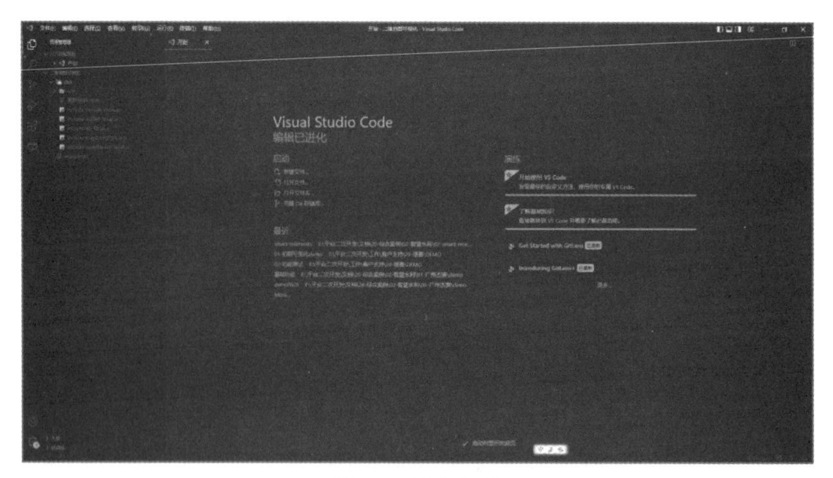

图 65　创建文件

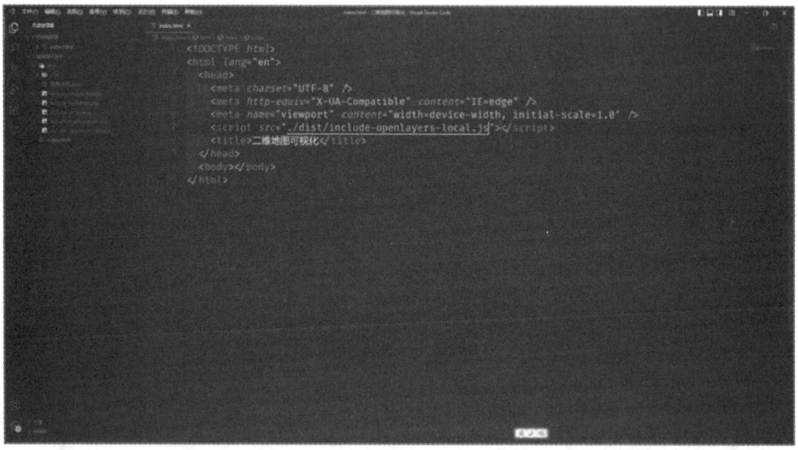

图 66　引入开发 SDK

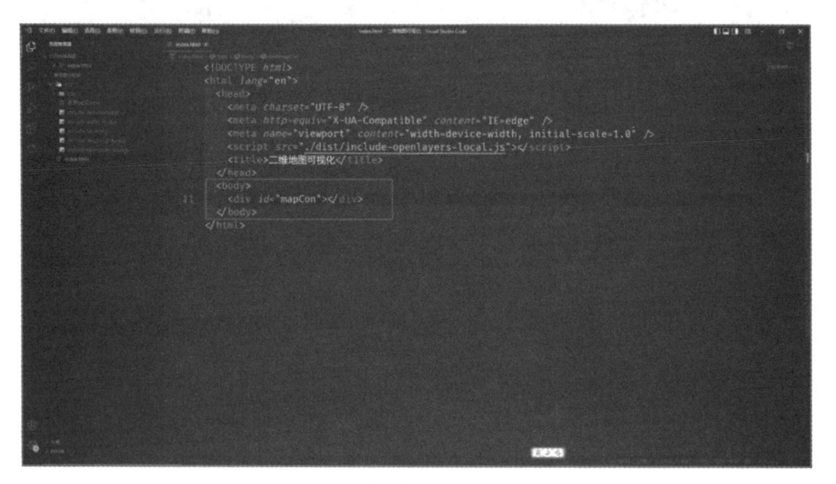

图 67　创建地图容器 div

(5)在该页面中编写 JavaScript 代码，初始化 ol. Map 与 Zondy. Map. TileLayer 类，通过 Map 对象的设置初始化地图的中心点、显示级别，再通过 Map 对象的 addLayer 方法加载矢量地图文档(图 68)。

```
<!DOCTYPE html>
<html lang="en">
  <head>
    <meta charset="UTF-8" />
    <meta http-equiv="X-UA-Compatible" content="IE=edge" />
    <meta name="viewport" content="width=device-width, initial-scale=1.0" />
    <script src="./dist/include-openlayers-local.js"></script>
    <title>二维地图可视化</title>
  </head>
  <body>
    <div id="mapCon"></div>
    <script>
      var map = new ol.Map({
        target: 'mapCon',
        view: new ol.View({
          center: [0, 0],
          zoom: 2,
          projection: 'EPSG:4326',
        }),
      })
      var TileLayer = new Zondy.Map.TileLayer('', '新地图1', {
        ip: '192.168.53.113',
        port: '6163',
      })
      map.addLayer(TileLayer)
    </script>
  </body>
</html>
```

图 68　编写 JavaScript 代码

(6)通过 Live Server 插件预览网页，在 index. html 文件中点击鼠标右键，点击“Open with Live Server”(图 69、图 70)。

图 69　通过插件预览网页

图 70　二维瓦片数据可视化

3.4 三维数据可视化

(1)开发环境搭建,本书使用 VS Code 工具进行开发,使用的插件为 Live Server(图 71)。

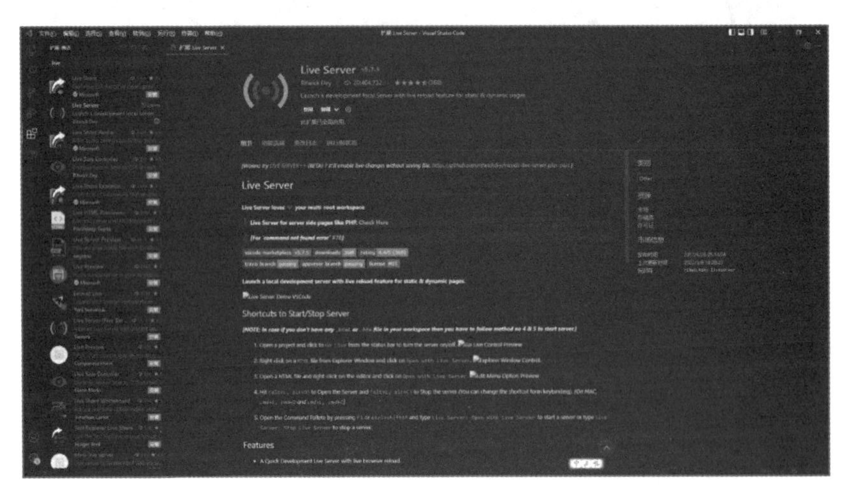

图 71 Live Server 插件

(2)新建文件夹,并在文件夹中新建“index. html”文件,将下载好的开发 SDK 解压后放置在文件夹中(图 72)。

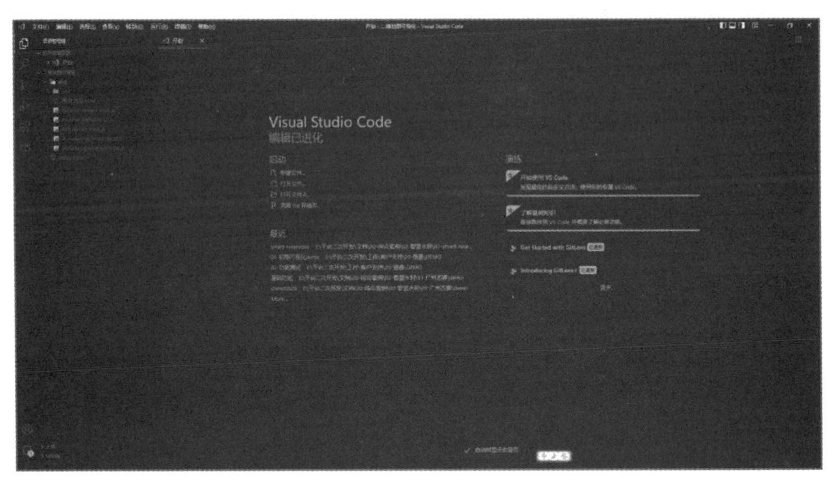

图 72 创建文件

(3)设置示例标题,在该页面引入 for WebGL 开发的必要脚本库 include-cesium-local. js,此脚本库会动态引入核心库“webclient-cesium-plugin. min. js”与相关第三方库、样式文件等(图 73)。

(4)创建一个 ID 为“GlobeView”的 div 层,并设置其样式,用来作为显示矢量地图文档的地图容器(图 74)。

图 73　引入开发 SDK

图 74　创建三维场景容器

(5)编写 JavaScript 代码，初始化三维场景视图 Cesium. Viewer 类，通过此对象下的 appendSceneLayer方法加载 M3D 数据(图 75)。

图 75　编写 JavaScript 代码

(6)通过 Live Server 插件预览网页，在“index. html”文件中点击鼠标右键，点击“Open with Live Server”(图 76、图 77)。

图 76　通过插件预览网页

图 77　三维数据可视化

4　地图服务网站快速部署

本节以 Windows 系统为例，讲解如何安装 IIS 并快速发布地图服务网站。由于在 Windows 系统中，IIS 默认是没有安装的，所以首先需要进入控制面板，如图 78 所示，然后点击“程序和功能”，打开系统程序界面，如图 79 所示。

图 78　控制面板

图 79　启用 Windows 功能

然后点击"启用或关闭 Windows 功能"，打开"Windows 功能"选择窗口，如图 80 所示。选择"Internet Information Services"下的"Web 管理工具"和"万维网服务"，建议选中其所有子项全部安装，选择完成后点击"确定"进行安装(图 80)。

图 80　选择 IIS 组件

安装完IIS组件后，使用WIN+R快捷键打开系统运行框，执行inetmgr命令，如图81所示，点击“确定”，打开IIS管理器，如图82所示。

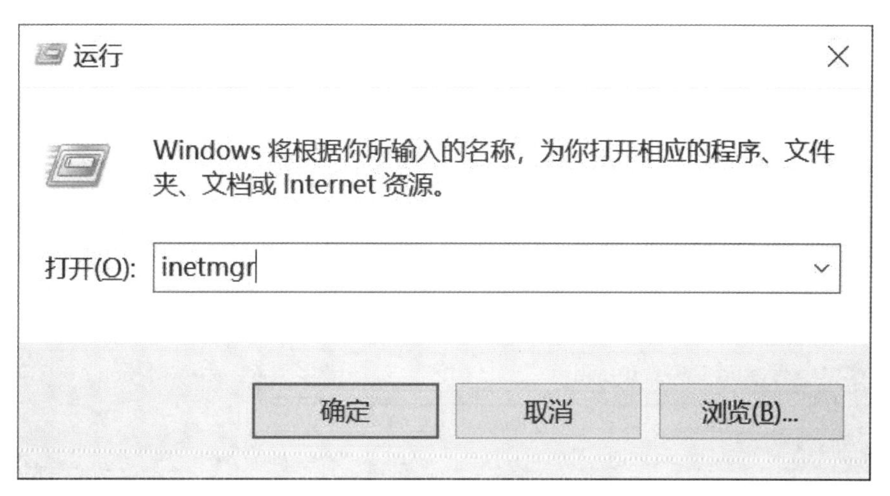

图81　运行命令打开IIS管理器

图82　IIS管理器

用鼠标右键单击图82中的“Default Web Site”树节点，然后点击“添加应用程序”，弹出如图83所示的对话框。输入网站别名，选择需要发布的网站文件夹，点击“确定”完成网站发布。

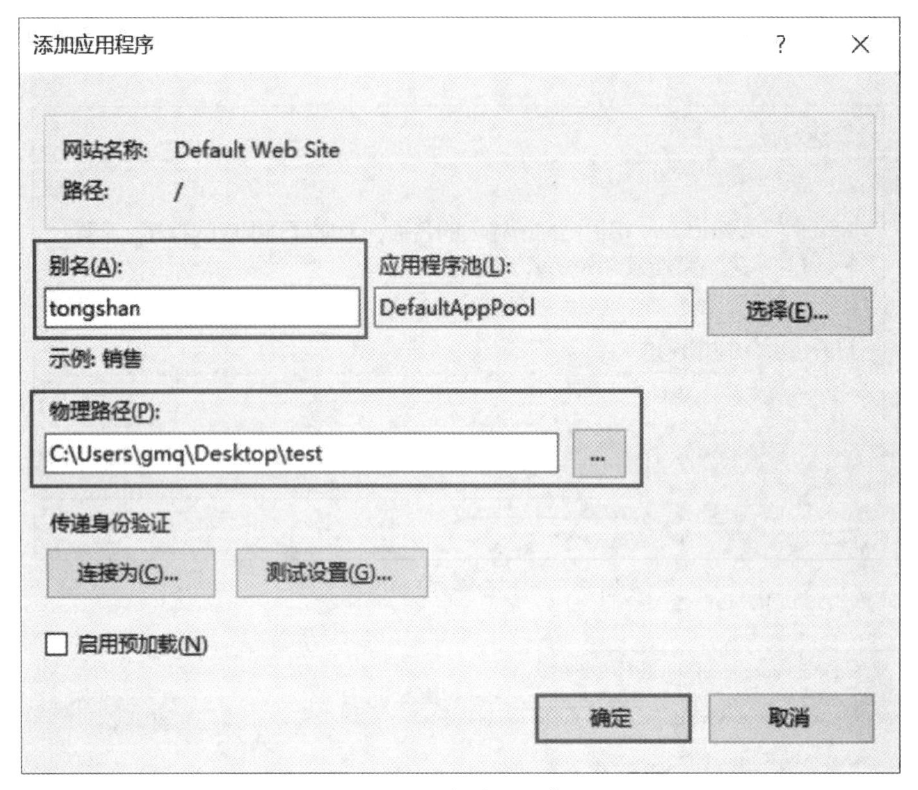

图 83　添加应用程序

完成网站发布后，可以打开浏览器，在地址栏中输入网站地址进行测试，如别名为tongshan的应用程序，其测试地址为 http://localhost/tongshan。